高校生からの天文学

驚異の太陽

太陽風やフレアはどのように起きるのか

鈴木 建
Takeru Suzuki
著

日本評論社

はじめに

宇宙には惑星、恒星、衛星、ブラックホールなどさまざまな天体があります。その中で、内部でエネルギーを発生させ、輝き続けている天体が恒星です。私たちが住む地球に一番近くにある恒星が太陽です。太陽はこれまで46億年近く輝き続け、その光はその間ずっと地球にも降り注いできました。我々人類をはじめとする地球上の生命は、太陽からやってくる光のエネルギーのおかげでこれまで生き永らえてくることができました。まさに太陽は私たちにとって「母なる星」です。

太陽は私たちのもっとも近くにある恒星ですので、もっとも詳細に観測することができます。太陽のことをくわしく知ることができれば、遠く離れてくわしく観測することができない恒星のことも、いくらか分かるかもしれません。太陽を知り理解することは、ほかの恒星たちを理解することにつながり、宇宙を知ることにつながります。私は約20年前に大学院生として天文学の研究を始めましたが、これまで「恒星としての太陽」を理解するための研究に取り組んできました。

ほかの星たちに比べ詳細に観測できる太陽ですが、まだまだ分からないことがたくさんあります。太陽の表面や大気では、フレアと呼ばれる爆発現象や、ジェットや太陽風という大小さまざまな規模の噴出や流れ出し現象が観測されています。これらいずれの現象にも、「磁石」の力が関係していることが分かっています。しかしながら、具体的にどのように磁石あるいはより専門的な呼び方である磁場が太陽で生成され、表面での爆発や噴出現象を引き起こすのかということは、まだよく理解されていません。

地上に設置された望遠鏡だけでなく、宇宙空間に打ち上げられた人工衛星や宇宙探査機に搭載された望遠鏡からも、太陽は日々観測されています。宇宙空間には大気がないため、観測誤差の原因となる風などの大気のゆらぎの影響を受けない、鮮明な観測画像を得ることができるようになりました。そのおかげで、太陽表面の非常に小さな領域を細かいところまで詳しく観測することが可能となりました。

一方で、詳細な観測ができるようになったことで、小規模な爆発現象や噴出現象が新たに見えるようになってきました。小規模な現象が、これまでに観測されていた大規模な現象を単にスケールダウンしたものか、それとも違ったメカニズムにより引き起こされるものかは、まだよく分かっていません。技術の進歩により詳細に観測できるようになった結果、新たな謎が登場してきたともいえます。

太陽や天体の現象を研究する方法には、観測に加えて理論的な考察や計算を用いるものもあります。数学や物理の知識を総動員して、観測されている天体現象がなぜどのように起きるのかを解明し、あわよくば新たな現象の予言までをもしてしまおうというのが、理論研究の目指すところです。

本書で扱う太陽風は、彗星の尾のたなびき方や太陽コロナの観測結果を参照しつつ、物理の基本的な法則を使って太陽の大気の上の方の状況を計算し、理論的に予言されたものです。観測と理論が協力し、太陽から実際に太陽風が吹き出していることが分かったのです。観測的手法と理論的手法は、天文学の研究を進める際の車の両輪であるといえます。

理論的研究というと、古くは紙と鉛筆を用いた手計算が主役でしたが、スーパーコンピューターに代表される計算機の革新的進歩にともない、近年数値シミュレーションが非常に有用な手段となってきました。物理法則に基づく数式は、人間の手では解けないものも数多くあります。このような人間の手には負えない難しい数式を、計算機プログラムによりコンピューターに計算させ、力技で答えを導き出してしまうということです。

数値シミュレーションによる研究は、理論的手法の一種という位置付けでしたが、最近では観測的研究との仲立ちをすることも可能になってきました。たとえば、実際に天体現象をあたかも見てきたかのようにコンピューターで模擬（シミュレート）し、擬似的な観測画像を作ることできるようになってきています。作成した擬似観測と実際の観測を比較検討し両者が同じような結果である場合、計算機の中で模擬した天体現象はおそらく現実に即したものであろうと推察できます。

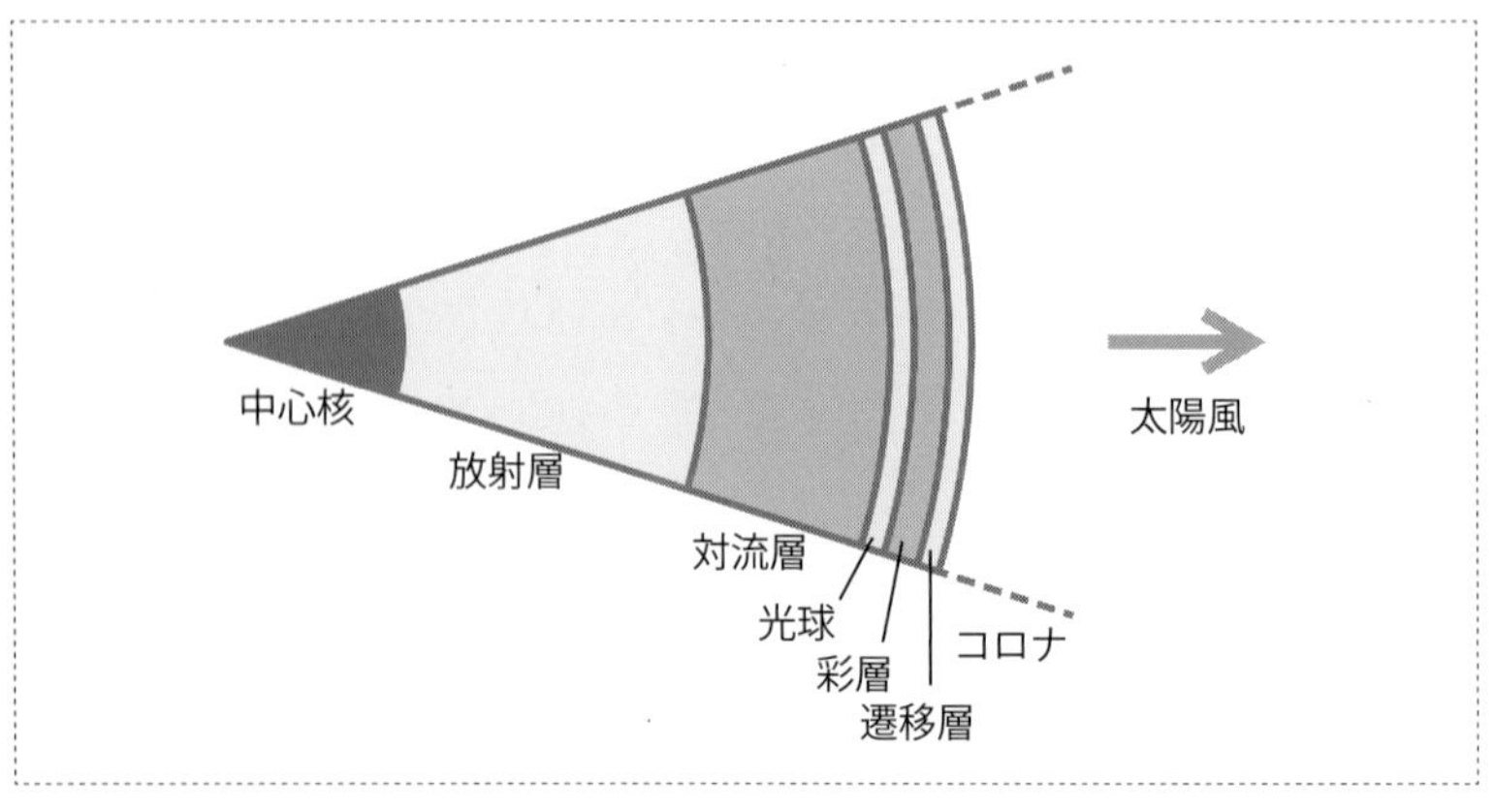

太陽の内部から大気までの構造の模式図

数値シミュレーションから得られるデータには、観測では到底見えないような詳細な情報が含まれています。数値データを解析することにより、天体現象を計算機の中でまさに手に取るように調べることができるのです。

私もこの数値シミュレーションを多用し、太陽や天体の現象で磁場が絡む現象を研究してきました。計算機上で太陽表面からはるか上空までの数値シミュレーションを行い、実際に太陽から太陽風が吹き出すことを再現しました。本書では最新の観測に加え数値シミュレーションによる研究で得られた成果をもとに、太陽の最新の知見を紹介します。

「はじめに」を閉じる前に、本書を読み進めるにあたり参考になる太陽の内部や大気に関する事柄を、上図に整理しておきます（左ページの図も参考にしてください）。特に大気は、複数の層から構成されていることが分かると思います。本書ではこれら大気の各層が何度も出てきます。読み進めていくうちに各層の関係性が分からなくなることもあるかもしれません。その際には「はじめに」まで戻って図を見ていただくと、頭の中を整理することができると思います。

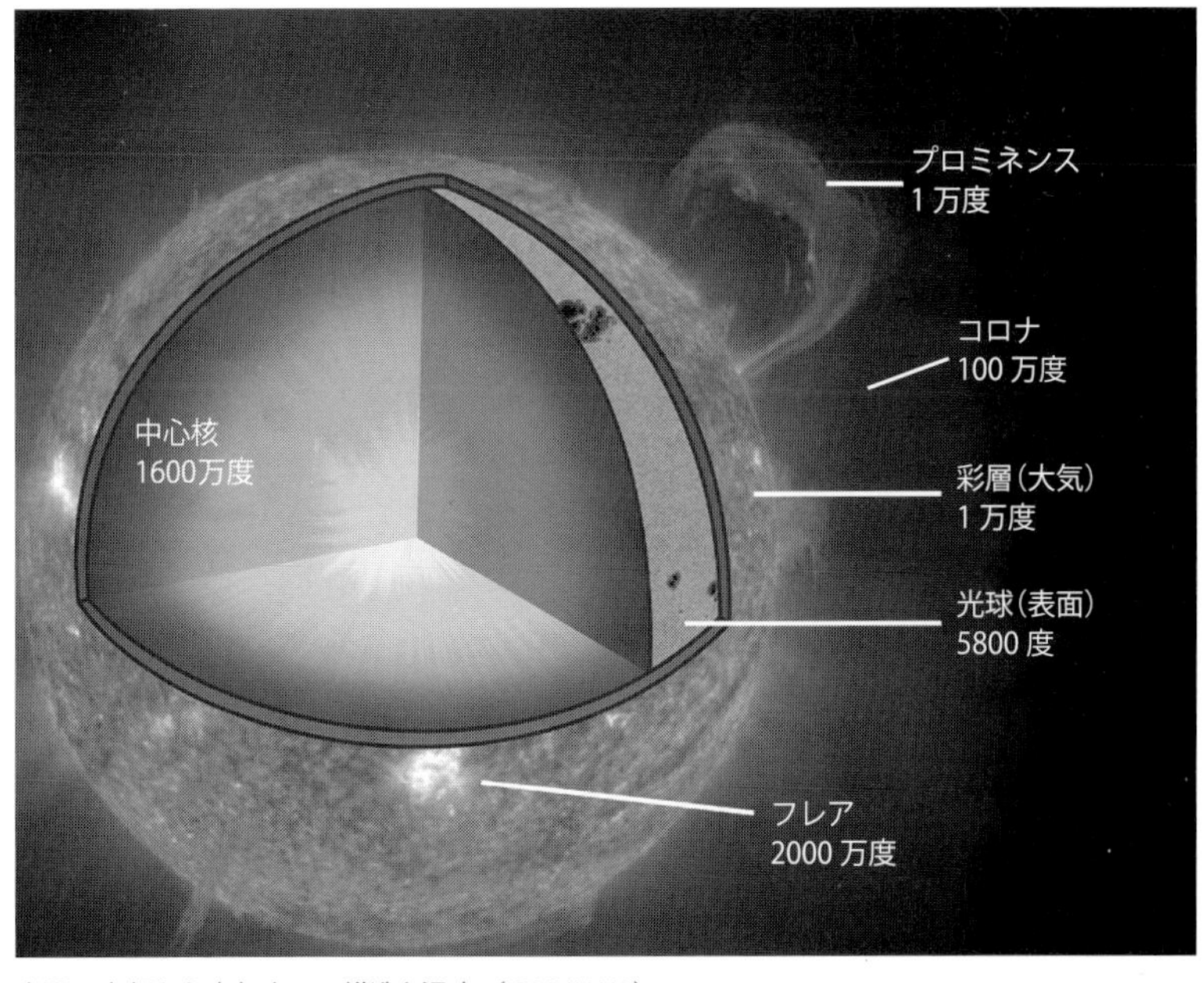

太陽の内部から大気までの構造と温度（ISAS/JAXA）

高校生からの天文学

驚異の太陽

太陽風やフレアは
どのように起きるのか

contents
もくじ

3章 コロナの加熱・太陽風の加速 71

4章 計算機の中の太陽 111

5章 太陽の進化と惑星への影響——昔の太陽・未来の太陽・ほかの太陽 157

終章 太陽の魅力——結節点として 187

1章
太陽大気の謎
——コロナと太陽風

太陽から流れ出るプラズマガス

地球の生命の源、太陽。直径約140万キロメートルと、地球の100倍超の大きさを持つ、太陽系最大の天体であり太陽系の中で唯一の恒星です。太陽が光り輝くおおもとのエネルギー源は太陽の中心部分にあります。中心部分（中心核、「はじめに」のiv - vページ参照）の温度は絶対温度で1500-1600万度に達します。ここでは水素からヘリウムを作り出す核融合反応が起きています。

核融合とは、水素の原子核である陽子が4つ順繰りにくっついて、ヘリウム原子核を1つ合成するという反応です。陽子4つとヘリウム原子核1つの質量を比べますと、陽子4つの方が0・7％程度大きくなります。つまりこの核融合反応の前後では、質量が少し減っているのです。この減った質量の大半（約98％）が光のエネルギーになり、地球にも降り注いでいます。

残りの約2％の大半は小柴昌俊氏、梶田隆章氏のノーベル物理学賞でも話題になったニュートリノです。その他に約0・0001％という非常に小さな割合のエネルギーがガス（気体）の形で宇宙空間に流出しています（図1）。

このガスの宇宙空間への流出は太陽風と呼ばれ、水素イオンとヘリウムイオンをはじめとする正の電荷を帯びたイオンや、電子が主成分となります。地球上の空気はおもに窒素（ちっそ）分子、酸

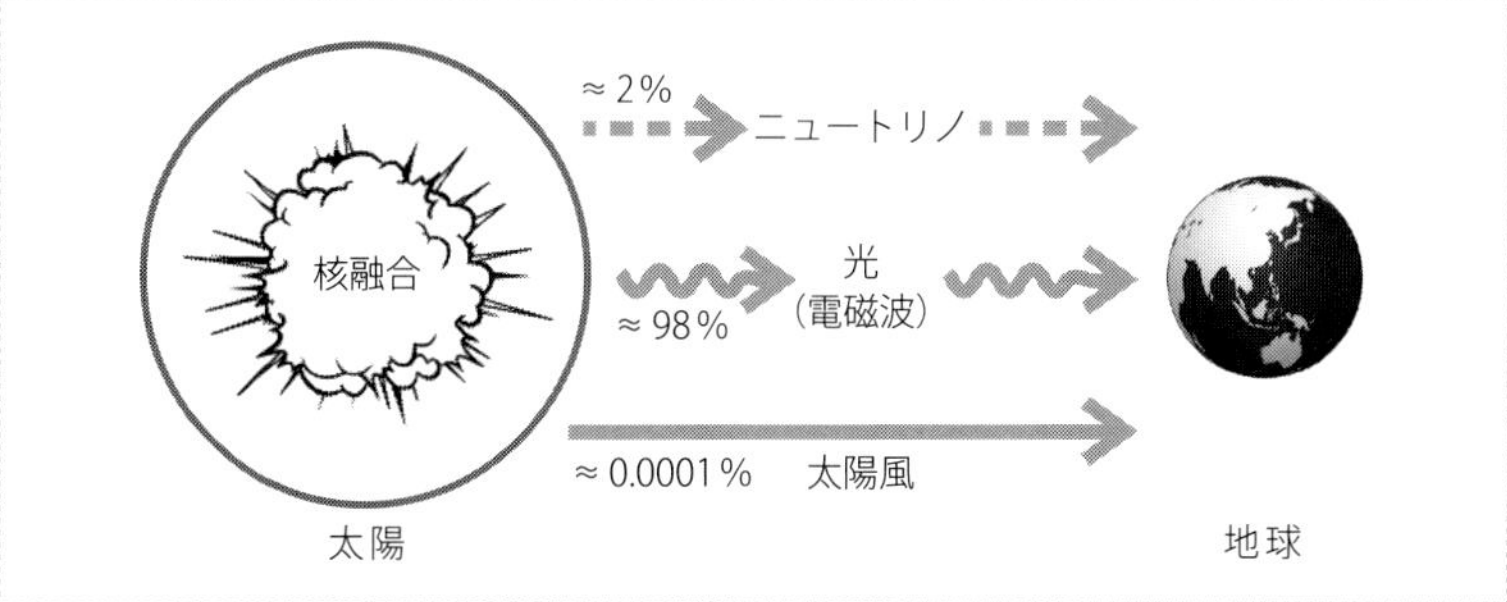

図1　太陽でのエネルギーの流れ

素分子やアルゴンガスなどの分子や原子からなりますが、後述するように太陽風は非常に高温なので、原子がバラバラになり（電離といいます）イオンと電子の状態になっています。このような電子やイオンという電荷を持った粒子から構成される気体をプラズマガスと呼びます。太陽からはプラズマの塊が太陽風として吹き出しているのです。

我々人間の目に見える可視光線のほか、日焼けの原因となる紫外線、暗視カメラやヒーターなどに利用される赤外線、通信に使われる電波、レントゲン写真で利用されるX線、放射線であるガンマ線を総称して電磁波と呼びます。

電波、赤外線、可視光線、紫外線、X線、ガンマ線の順でエネルギーが高くなり、電磁波は単に「光」と呼ばれることもあります。

太陽風のエネルギーは電磁波として放出されるものに比べると非常に小さいですが、太陽風も我々人間社会と直接関わり合いがあります。上記で紹介した太陽風を構成する粒子たちは、陽子線、アルファ線（ヘリウム原子核）、ベータ線（電子）といった放射線に分類されるので、我々人間にとっては非常に有害なものばかりです。

一方、地球の内部には巨大棒磁石があります。磁石にはN極とS極があり、

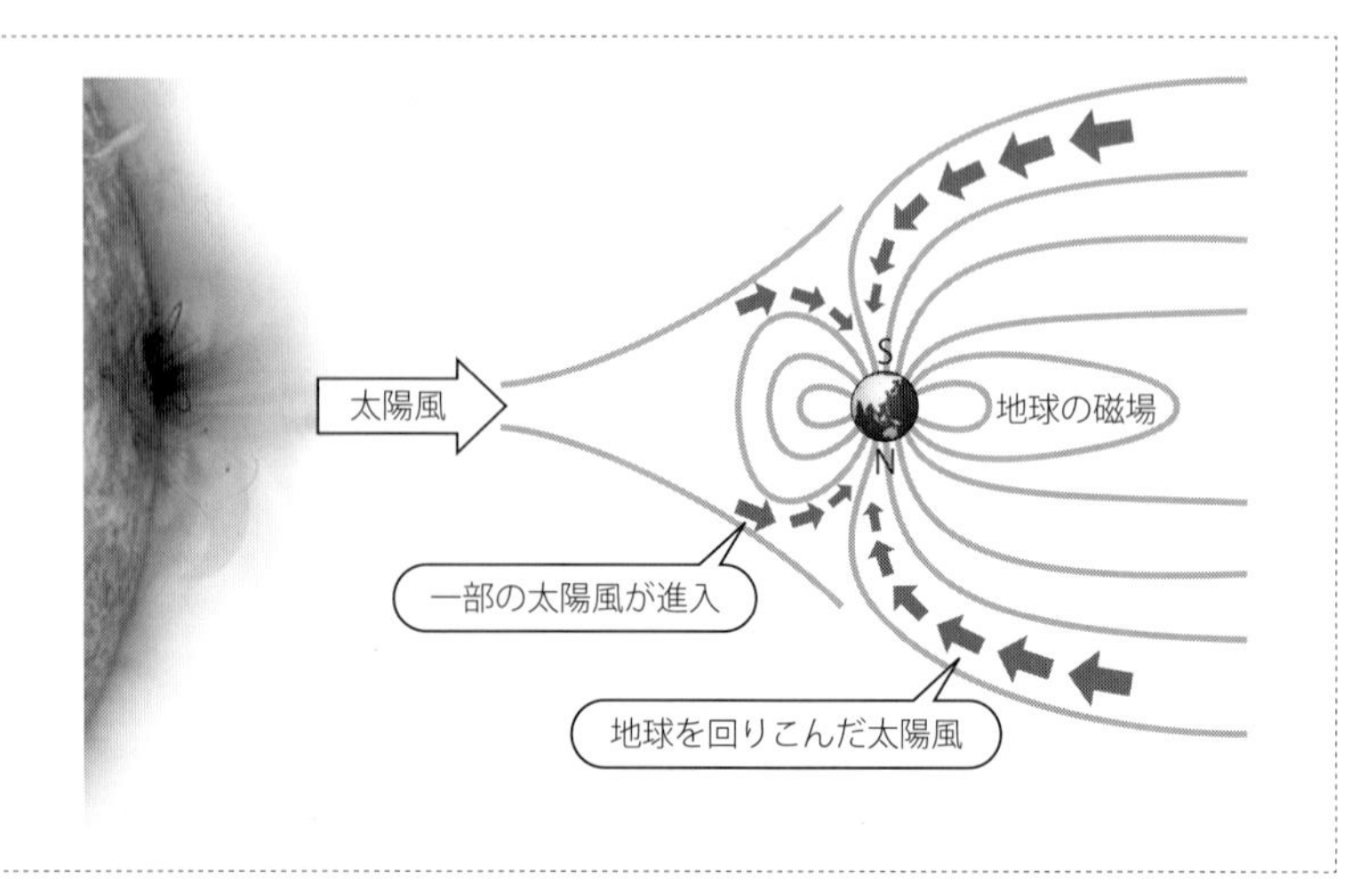

図2 太陽風と地球磁気圏（http//news.livedoor.com/article/detail/13582864/をもとに作成）

両者の間には引き合う力が働きます。その力の向きに沿って線でつないだものを磁力線と呼びます。地球の南極付近にあるN極から出た磁力線は北極の近くにあるS極へとつながり（図2参照）、磁気圏と呼ばれる構造を地球の周囲に形成しています。

電荷を帯びた粒子は磁力線をまたいで自由に動くことができないという性質があります。このため、荷電粒子の塊である太陽風はこの磁気圏によるバリアのおかげで、地表に直接降り込むことはありません。しかし一部の太陽風構成粒子は、太陽から見て地球の裏側に回り込みつつ巡り巡って地球の北極や南極付近の地表へと降り込み、それがオーロラとして観測されるのです（図2）。

また太陽面でフレアと呼ばれる爆発が起きると、電磁波に加え粒子が放出されることがあります。これはコロナ質量放出（図3）と呼ばれますが、太陽から吹き出すプラズマガスという見方に立つと、広い意味で太陽風の一種と考えることができます。太陽の中にも磁石があり、周囲には

図3　人工衛星「SOHO」によるコロナ質量放出の観測（http//earthsky.org/space/what-are-coronal-mass-ejections より転載）

磁気圏を形成します。

コロナ質量放出で吹き出した粒子から成るプラズマは、太陽から周囲に漏れ出した磁場とともに一体となって、太陽系の惑星たちが周回する惑星間空間を吹き抜けていきます。この磁場とプラズマガスが混然一体となった塊を磁気雲と呼びます。磁気雲の中には、我々の地球の方向に向かって来てやがて直撃するものもあります。地球に到達した磁気雲は地球磁気圏の状態を乱すこともあり、これを磁気嵐と呼びます。

この磁気嵐は、地球上空の大気圏外を飛ぶ人工衛星の故障や通信障害の原因となったり、ひどいときには磁気嵐によって地磁気が変動し、大停電を引き起こすこともあります。

人間の力では天気を変えられないように、磁気嵐も止めることはできません。しかし、いつ起きるかが分かっていれば何らかの対策が講じられます。上記の大停電を例に取ると、磁気嵐が起きる前に一部の電力供給をいったん止めれば大損害を防ぐことができます*。

昨今ではこうした磁気嵐などの発生を予報する宇宙天気予報が出され、さらにその予報精度の向上を目指す研究に日夜取り組んでいます。

さて、太陽風が吹き出してくる源である太陽大気に目を転じましょう。太陽の表面は光球と呼ばれますが、その温度は絶対温度約5800度です（「はじめに」ⅳ－ⅴページ参照）。しかしその上空数千キロメートルより上の領域には、温度が100万度を超える非常に温度の高いコロナが存在しています。この高温コロナから吹き出した太陽風はそのまま高温を保ちます。このため構成する粒子は分子や原子ではなく、電子やイオンからなるプラズマガスとなります。こうして太陽風は太陽大気に存在する高温コロナと密接につながっています。

本章では、太陽大気の層を太陽の表面から順番に見ていくことにより、現代太陽物理学の謎であるコロナ加熱と太陽風加速問題を紹介します。

*ただしこれは計画的な一部地域の停電をともなうことになるため、経済的観点から反対意見もあります。

コロナの謎

太陽のおおもとのエネルギーの源は中心核領域での核融合反応ですが、これはいわば暖房が太陽中心付近にあることを意味しています。我々がストーブに当たる場合を考えてみましょう。通常ストーブに近いほど温度は高く、逆にストーブから離れるほど温度は低くなります。太陽の内部にもこのことは当てはまります。中心核の温度は1500-1600万度ですが、表面に近くの外層領域に行くにしたがいその温度は下がります。そして最終的に、太陽表面での温度は約5800度になります。中心部分と表面では、温度にして3000倍近く違うということです。

ここで少し脇道にそれて、太陽の「表面」について説明しておきましょう。地球では、陸地であれば固体の地面とその上にある気体の大気との境界である地表面を、海上であれば液体の海と大気の境界面である海水面を、明確に区別することができます。一方太陽はプラズマガスでできた気体の塊です。地球のように固体と気体、あるいは液体と気体のような明確な境目がありません。ではどこを「表面」と考えれば良いのでしょうか?

我々は太陽から来る電磁波を観測します。電磁波を伝えるのは、光子と呼ばれる質量が0で光の速さで伝搬する粒子です。太陽の中心部では核融合反応により、光、つまり光子が発生し

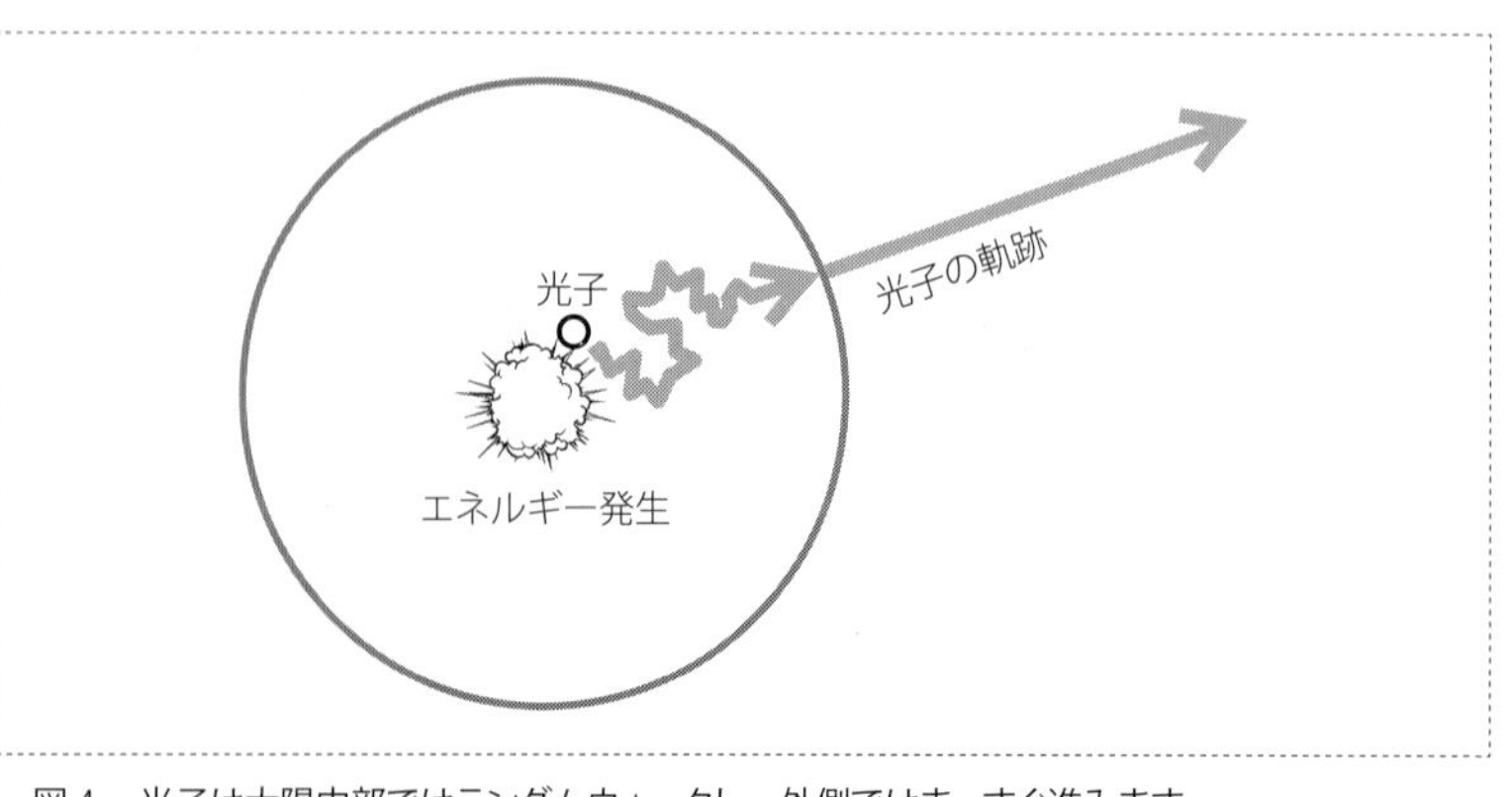

図4　光子は太陽内部ではランダムウォークし、外側ではまっすぐ進みます

ます。太陽に限らずふつうの天体では、表面付近に比べてその内部の方が密度が高くなります。そのため、太陽内部の中心核付近で生成された光子はまっすぐ進むことができず、周囲の粒子と衝突しながらじわじわと外層に向かって進むことになります。このような運動を、ランダムウォークあるいは乱歩や酔歩などと呼びます（図4）。

一方で太陽の表面付近になってくると周囲の密度が下がり、光子と周囲のプラズマガスを構成する粒子との衝突はあまり起きなくなり、光子がまっすぐ進めるようになります（図4）。

このようにしてやって来た光子を、我々が電磁波として観測する場合を考えましょう。光子がまっすぐにやって来る場合、我々はその光子がどこからやって来たかを知ることができます。一方で、ランダムウォークを繰り返しながらやって来た光子の出所は、我々は知る術がありません。

つまり我々は、光子がまっすぐに進むようになって、初めて見通すことができるのです。太陽の中心で発生しランダムウォークしていた光子がまっすぐ進むようになる位置が、まさに我々が見通せる場所ですので、太陽の表面である光球ということになります。

図5　2017年の皆既日食時の彩層の観測画像（https//www.astronomynotes.com/starsun/s2.htm より転載）

光球の位置は光の波長（赤い光か青い光かなど）によっても若干異なりますが、平均すると中心から約70万キロメートルの位置にあり、この70万キロメートルが太陽の半径になります。

前述の暖房のたとえで説明したとおり、エネルギーの発生源がある太陽の中心から光球に向かって離れるほど、順調に温度が低下するわけですが、光球の上空では状況が異なります。光球の上には彩層と呼ばれる領域があります（「はじめに」iv－vページ参照）。この彩層は、皆既日食の際に太陽全面が月に隠される直前、光球のすぐ上で赤く光り輝く層です（図5）。その温度は数千－1万度であり、さらに上空に行くにしたがい温度は徐々に上昇します。

彩層の上空には、温度が急上昇する厚みの薄い遷移層を挟んで、温度が100万度を超えるコロナが存在しています。ところでコロナの温度はどうやって計測されたのでしょうか？太陽は水素とヘリウムが主成分で、炭素やそれ以上重い元素も1・4%程度含んでいます。そのような重い元素の1つに鉄があります。原子の状態の鉄は電子を26個持っていますが、周囲の温度が高くなると電子がはぎ取られること（電離）によって、イオンの状態になります。電子が1個出て行ったものは一階電離の鉄イオン、2個なくなったものは2階電離の鉄イオン、…と続き、全部なくなると26階電離の鉄イオンとなります。

太陽コロナを紫外線やX線で観測すると、電子が10個以上はぎ取られた鉄のイオンを見つけることができます。このように多くの電子がはぎ取られたものを高階電離イオンと呼びますが、このような鉄イオンが存在するためには、温度は100万度を超えていることが必要とされ、実際に非常に高温なコロナが存在することが分かるわけです。

太陽の中心から表面を越えて大気へと話を進めてきましたが、ここで少しまとめておきましょう。光球より下の太陽内部では、中心から離れれば離れるほど温度は低下しました。しかし光球の外側の彩層より上空では、上空に行けば行くほど温度が上昇するという、完全に逆の状況になっています。冒頭で述べたとおり太陽のエネルギー源は中心核領域にありますので、彩層より上空では熱源から離れれば離れるほど高温になることを意味しており、摩訶不思議であり、「太陽コロナ加熱問題」と呼ばれています。

この加熱を担うのは「磁場」に関する「エネルギー変換」ということまではおおよそ分かっていますが、具体的にどうやって加熱しているのかは依然として謎が多いのです。また、高温コロナは、太陽に限らず表面に対流層を持つ恒星に存在することが知られています。さまざまな恒星のコロナの加熱には、おそらく磁場が大きく関わっていると考えられていますが、その詳細はまだよく理解されておらず、太陽・恒星の「コロナ加熱問題」は天文学における重要な未解明課題の1つとなっています。

高温コロナからは太陽風が惑星間空間へと吹き出します。次の節では太陽風について少し詳しく見て行きましょう。

太陽風の謎

太陽風の存在が我々人類に知られるようになったのは、20世紀も半ばになってからのことです。ドイツのビアマンは1950年頃、彗星の尾のたなびき方から、太陽から物質が流れ出しているはずだと指摘しました（図6）。その後1950年代後半に、米国のパーカーが当時すでに存在が知られていた高温コロナの温度を用いて、コロナのガスの圧力を見積もりました。

太陽系は天の川銀河（銀河系とも呼びます）の中にありますが、銀河系の星々の間には薄いながらもガスが存在しており、星間ガスや星間媒質と呼ばれています。パーカーの見積もりから、この星間ガスの圧力に比べ、太陽コロナのガスの圧力はだいぶ高いことが分かりました。圧力が異なるガスの塊がとなり合うと、高圧のガスから低圧のガスへと押す力が働きます。地球上でも、高気圧からは風が吹き出し低気圧へは風が流れ込みますが、これは周囲のガスの圧力との大小関係により起きていることです。

このことを太陽コロナと周囲の星間ガスの関係に当てはめると、圧力の高い太陽コロナのガスは、圧力の低い周囲の星間ガスへとどんどん拡がっていくことが分かります。別の観点から説明すると、ガスの圧力は温度に比例するため、高温のコロナの圧力は必然的に高くなり、周囲の星間ガスの圧力では押さえ込めず、コロナは太陽風として流れ出すというわけです。

図6　ヘール・ボップ彗星。彗星には通常2つの尾が見られます。1つはイオンの尾と呼ばれるガスから構成される尾で、この写真では下側の細い尾の方になります。もう1つがダストの尾と呼 ばれる固体の塵から構成されるものです。この写真では上側の太い方です。イオンの尾はイオンや電子という電荷を帯びた粒子——荷電粒子と呼びます——の塊である太陽風により直接吹き流されます。一方でダストの尾は、太陽からの放射により彗星から飛び出したもので、太陽風には吹き流されにくいため、惑星などの他の太陽系天体と同じように、やがて太陽を周回する軌道に乗るようになります（http//www.tivas.org.uk/solsys/tas solsys comet.html より転載）

このパーカーの議論は、ビアマンの指摘に理論的枠組みを与えたことになったわけですが、さらにその後の1960年代には、宇宙探査機マリナーにより太陽から吹き出して来る太陽風が計測されました。パーカーの理論で予言されていた、太陽風の速度などの物理量のおおまかな傾向とほぼ一致するものでした。

その後の観測研究の進展により、詳細な太陽風の状況が分かってきています。たとえば、太陽風の速度は吹き出す場所や時期により、大きくばらついています。地球軌道付近では、その速度は毎秒300-800キロメートル程度となりますが、おおざっぱには毎秒300-400キロメートルの低速

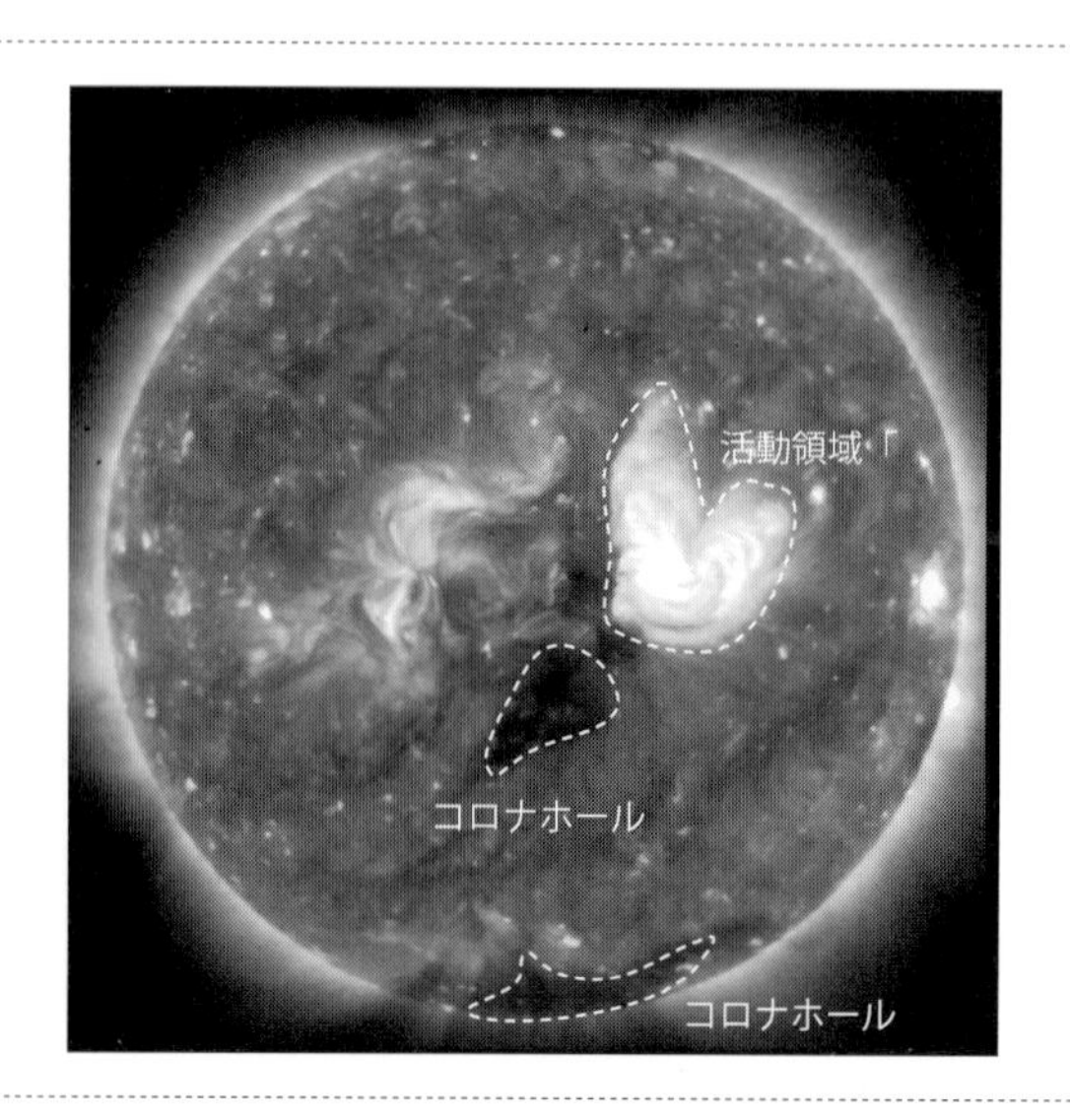

図7　HINODE/XRTの画像による軟X線観測画像（国立天文台/JAXA）

太陽風と、毎秒700-800キロメートルの高速太陽風という2成分に分けることができます。「低速」太陽風でも毎秒300キロメートル以上ですので、毎時300キロメートルの速さの新幹線より3600倍以上速いということになります。太陽風がいかに高速で地球に吹きつけて来るかがお分かりいただけると思います。

太陽風の観測の進展は、新たな謎も生み出してきています。その1つが高速太陽風と低速太陽風の流源の温度に関するものです。少し長くなりますが、以下に詳しく見ていきたいと思います。

高速太陽風と低速太陽風の両方が地球にもやって来ていますが、その流れを根元まで遡ることにより、それらが太陽のどのような場所からやって来るかを調査することができます。

太陽はまん丸ののっぺりした球かと思いきや、実はそうではありません。特にコロナ大気の状況がわかる

X線で観測すると、図7にあるように、実は異なる構造に分けられることが分かります。明るく輝きひときわ目立つ領域は活動領域と呼ばれます。反対に暗くまるで穴の空いたような領域はコロナホールと呼ばれています。活動領域とコロナホールのいずれにも属さないそれ以外の場所を静穏領域と呼びます。

このようにコロナ大気が異なる領域に分かれることには、磁場が大きく関わっています。写真をよく見ると、たくさんの筋状に見えるのが分かると思います。これらは、いずれも磁力線の形を反映しています。活動領域には、半円形の形をした磁力線があるのが分かります。これは磁気ループと呼ばれ、足元にはN極とS極があり、そこから磁力線が伸びていると考えられています。このような磁気ループが活動領域に顕著に見られます。実は太陽表面は大小さまざまな磁気ループが分布しています。

画像では特に目立った構造が見られない静穏領域でも、詳細に観測すると小さなループが無数に存在していることが分かってきました。活動領域では静穏領域に比べて、磁力線がより集中して集まった強磁場領域があり、これが明るく輝いているのだと考えられています。

一方コロナホールはかなり状況が異なり、磁力線がループ形状を形作るのではなく、惑星間空間へ伸びています。一方の足元——これはN極であったりS極であったりします——は太陽表面にありますが、もう一方は太陽風とともに流れ去り、最終的には太陽系外の星間空間の磁力線とつながっていると考えられます(次ページの図8参照)。

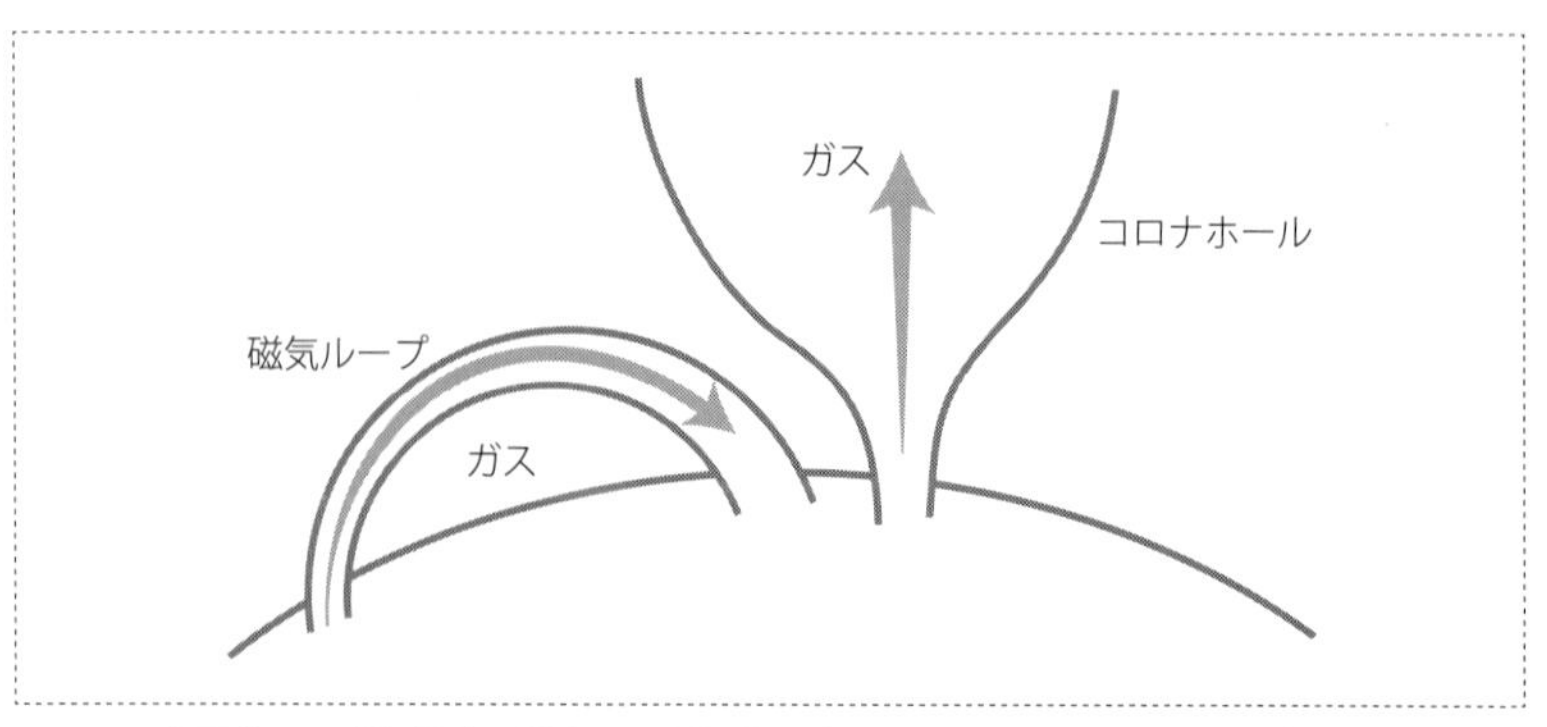

図８　太陽表面の磁場構造の模式図。磁場構造が閉じた領域と開いた領域に大別できます

詳細は次章で述べますが、プラズマガスは磁力線に沿って動くという性質があります。先に述べた磁気ループではガスはループに沿って動き、たとえば一方の足元から流れ出たガスはやがてもう一方の足元に戻ります。このため磁気ループでは、ガスに対して磁力線が「閉じた」状況になっているということになります。

これに対して、磁力線が惑星間空間に伸びるコロナホールでは、ガスがそのまま流れ出て行きます。磁力線構造が「開いて」いるといえます（図８）。実際に高速太陽風の流源の大半はこのコロナホールであることが、判明しています。

高速太陽風が流れ出る場所の多くがコロナホールであるのに対し、低速太陽風が太陽表面のどこから流れ出るのかはまだよく分かっていないことが多く、コロナホール以外の領域、つまり活動領域や静穏領域からやってくるものが多いようです。磁場が閉じた領域からやって来るのは不思議に思われるかもしれませんが、一見たくさんの閉じたループ構造に埋め尽くされていると思われる領域にも、となり合うループの間に一部磁力線が開いたところがあります。このようなすき間からやって来るものが、低速風の起源の１つだと考えられます。

また太陽表面の磁力線の形状も、ずっと同じではなく時間とともに刻々と変化しています。磁場構造の急激な変化も時折観測されており、この際に閉じたループからガスが放出されることもあります。大規模なものは本書冒頭で述べたコロナ質量放出で、小規模なものは最終的に低速の太陽風になるものもあります。

コロナの温度は100万度以上と述べましたが、実はコロナ大気の異なる領域では温度も違ってきます。活動領域は他の領域に比べて高温で、300万度以上、時には1000万度に達する高温状態にあるものもあります。対してコロナホールは比較的低温で、100万度を少し超えるぐらいというのが典型的な温度です。静穏領域は両者の中間で、平均すると200万度程度になります。

これらの情報を踏まえて、異なる速度の太陽風とそのおおもとのコロナの温度との関係を結び付けてみましょう。コロナホールから高速太陽風が駆動されるということは、コロナの温度が低い方が、最終的な太陽風は速いことになります。つまり根元のコロナの温度と太陽風の速度には逆の相関があるということになります。

本節の冒頭で述べた、パーカーの太陽風駆動の理論から考えるとどうなるでしょうか？　この理論は、高温コロナのガス圧により大気が太陽風として流れ出るというのがその本質です。そのため、根元の温度が高い方がガス圧も大きくなり最終的に吹き出す太陽風も速くなります。つまり太陽風の速度とおおもとの温度の関係に関しては、観測されている傾向とパーカーのガス圧駆動による太陽風の傾向が逆になっています。

太陽風理論はまだ確認されていない太陽風の存在を予言し、さらにそのおおまかな物理状態までも説明できていたという意味で大変素晴しいものでした。しかしより詳細に太陽風を観測していくと、この理論だけでは説明できない事柄も出てきたということです。

この太陽風の謎の解決にも「磁場」は大きな役割を担うのですが、これについては次章以降で詳しく見ていきたいと思います。

太陽の質量損失？

太陽から吹き出ている太陽風は、もとは太陽の内部にあったものが表面から大気に出て来て流れ出たものです。これは見方を変えると、太陽は自らの物質を少しずつ外へ流し出し、自らの質量を少しずつ減らしているということになります。

太陽風の計測、観測をする複数の宇宙探査機が打ち上げられており、惑星間空間でのさまざま場所で太陽風プラズマを直接「つかみ取り」、その物理状態を診断する研究がこれまで活発に行われてきました。計測された太陽全面から流れ出す太陽風の総流量は、毎秒１００-２００万トンと非常に膨大なものになるという結果が得られています。

太陽系の現在の年齢はおおよそ46億歳と考えられています。地球には時々隕石が落下しますが、その中には太陽系誕生時にできたと考えられる、非常に古い物質が含まれていることがあります。隕石に含まれている物質を詳しく分析すると、その形成された年代がもっとも古いもので46億年を少し切るぐらいのものが見つかります。これらが太陽系最古の物質であると考えられており、ここから現在の太陽の年齢が決められています。

このような太陽系最古の物質ができた頃に、誕生間もない原始太陽の周囲には原始太陽系星雲（あるいは原始太陽系円盤）と呼ばれるガスと塵からなる「雲」が存在していたと考えられていきます。そしてちょうどその頃原始太陽系星雲で、太陽系の惑星たちも生まれつつありました。惑星に取り込まれなかったものが太陽系内に残り、それが地球とぶつかるとき隕石として地球にやって来たのです。

では、太陽は誕生後これまで約46億年間に毎秒100万トン以上ものペースで質量が減っていったら、太陽そのものがなくなってしまわないのでしょうか？ ちょっと計算してみましょう。

このような見積りには、単位を変えて考えていくのが便利です。ここでは、毎年太陽質量に対してどれぐらいの割合で減っていくかという単位を用いてみましょう。たとえば、毎年太陽質量の1％が減少する場合は、「太陽風の総流量は0・01太陽質量／年」となります。この場合は、太陽は100年経つとすべての質量が太陽風として流失し、太陽自体なくなってしまうことになります。

現在の太陽風の流量である毎秒100-200万トンを、この単位に変換すると、2×10のマイナス14乗太陽質量／年となります。小数点より小さいところで2の前に0が13個も並びます。非常に小さい値ですね。本章の冒頭で、太陽風に渡されるエネルギーは電磁波による放射に比べると非常に小さい割合であると述べましたが、このことも辻褄が合っています。毎秒100-200万トンと聞くと莫大な量に感じるのですが、太陽質量（＝2×10の30乗キログラム）がそもそもかなり大きいので、割合で考えると太陽風による減少は非常に小さいものになってしまうということです。

現在の流出量２×10のマイナス14乗太陽質量／年と同じペースで、太陽誕生後46億年間にわたり太陽風を吹かせていた場合、これまでで太陽質量の約０・０１％が太陽風により失われたということになります。太陽は今後50億年程度、現在のような主系列星（コラム「恒星のコロナ」（79ページ）参照）として輝き続けますが、その期間を含めたとしても合計で０・０２％程度です。

ただしこの見積りには、太陽風の流出量が過去から未来に渡るまでずっと同じであるという仮定が入っており、注意が必要です。太陽型星と呼ばれる、太陽と似た恒星から吹き出す恒星風の観測が行われていますが、これらの星々の恒星風の流出量は大きく異なっているものが多いことが分かってきました。特に若い太陽型星から吹き出す恒星風の流量は、現在の太陽風より１００倍以上強いものもあります。我々の太陽も、過去のもう少し若かった頃には太陽風による流出量が大きかったと推測されています。そうなってくると、これまでに失われた質量の見積もりも上で述べた０・０１％という値よりも、大きくなります。太陽風による太陽の質量減少については、５章でもう一度触れます。

ここまでは、太陽風という物質の直接の流れ出しによる太陽質量の減少について説明してきました。このような直接的な質量の減少に加えて、実は太陽が輝いていること自体によっても太陽の質量は減少しています。

太陽の中心核領域での核融合反応でエネルギーが解放され、そのエネルギーの大半が光となることは、冒頭で述べました。この核融合反応で実際に何が起きているかをもう少し詳しく見ていきましょう。ここで起きている反応は原子核反応であり、4つの水素原子核（つまり陽子）が融合して1つのヘリウム原子核になるというものです。ヘリウム原子核1つに比べ、陽子4つの質量はほんの少しだけ——約0・7％——大きいのです。つまりこの反応では質量は保存しておらず、反応前と反応後で比較すると質量が減ってしまうことになります。消え去った質量がエネルギーとして解放され、太陽が輝いているのです。つまり太陽は、自らの質量をエネルギーに変えて、輝いていることになります。

　ではこの核融合反応による質量の減少はどの程度になるのでしょうか？　これは太陽が1秒間当たりに放射するエネルギーである、太陽光度から計算することができます。上記の太陽風の質量損失と同じ単位で表すと、おおよそ6×10のマイナス14乗太陽質量／年ということになります。現在の太陽風による質量損失が約2×10のマイナス14乗太陽質量／年でしたので、核融合反応による質量の損失の方が3倍程度大きいということになります。さらに太陽風のときと同じように、太陽誕生後46億年での核融合反応による質量の減少量を見積もってみると、その割合は太陽質量の0・03％となります。したがって、たしかに太陽の質量を減少させていますが、その割合はあまり大きくないことが分かります。

2章
磁場はエネルギーのメッセンジャー

電気が動くと磁気になる

前の章では、太陽大気を概観してきました。その中で、コロナの加熱や太陽風の駆動に関して、しばしば「磁場」や「磁力線」という語句が登場しました。ではなぜ磁場が、ガスを加熱したり流れを駆動したりできるのでしょうか？　この章では、磁場とは何かというところから始めて、磁場による力やエネルギーの伝達について説明したいと思います。

磁場を扱う学問に「電磁気学」というものがあります。電磁気学は文字どおり、電気と磁気の両方を扱い、通常両者はセットで登場し切り離すことができない概念です。電気を担うのは電荷と呼ばれるもので、正（プラス＋）と負（マイナス－）があります。電子1個が負の「素電荷」を持つと定義されます。この素電荷を電荷数と呼ぶことにしましょう。

私たちは空気中の酸素を取り込み、二酸化炭素に変換してはき出しています。ここでいう酸素は酸素分子のことで、酸素原子2個からできています。原子は正の電荷を持つ原子核のまわりに負の電荷が取りまき、正と負の電荷数が等しいためお互いに打ち消し合って、正味の電荷は0となっています。酸素原子の場合は、原子核の電荷数が8で、周囲に8個の電子があり正味の電荷は0となります。

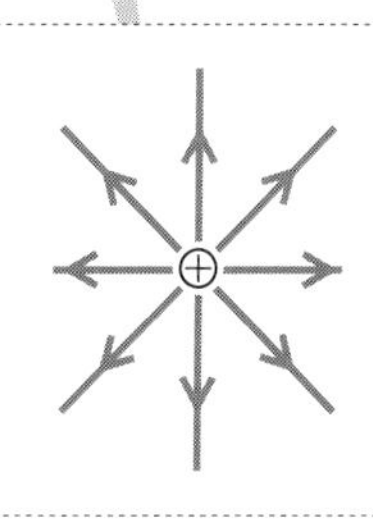

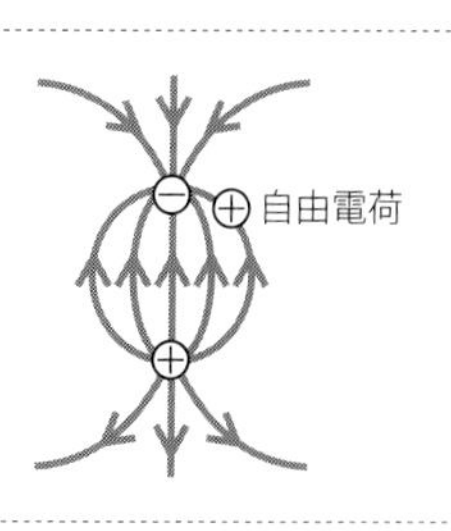

図９　電荷と電場。線は電気力線を表しています

この酸素原子から何らかの原因で1個電子が飛び出すと、酸素原子は酸素イオンになります。出て行った電子は単独の負電荷として、酸素イオンは単独の正電荷を持ち存在することになります。このように単独の電荷を持つ粒子の周囲には、電場というものが形成されるようになります。

電場は電界とも呼ばれますが、少し分かりにくい概念かもしれませんので、図を使って説明したいと思います。図9左の図は、正の電荷が1つ空間に固定されている場合です。電荷から出て行く向きの線が描かれていますが、これを電気力線と呼びます。電気力線が正の電荷から出て行き、負の電荷に入り込んでいくと考えます。正電荷1個のみが存在する場合は、電気力線が放射状に出て行くことになります。

図9中央の図のように正負の電荷が1個ずつ固定されると、正電荷から出て負電荷に入る電気力線が描かれるようになります。

ここまでは空間に固定した電荷の話でしたが、ここで自由に動き回れる電荷を登場させましょう。左の固定正電荷1個の場合でも、中央の固定正負電荷1個ずつの場合のどちらでも良いのですが、ここでは2個の正負の電荷の場合を考えましょう。自由に動き回れる正の電荷を図9右の図のように置くと、この電荷は電気力線の矢印の向きに力を受けます。

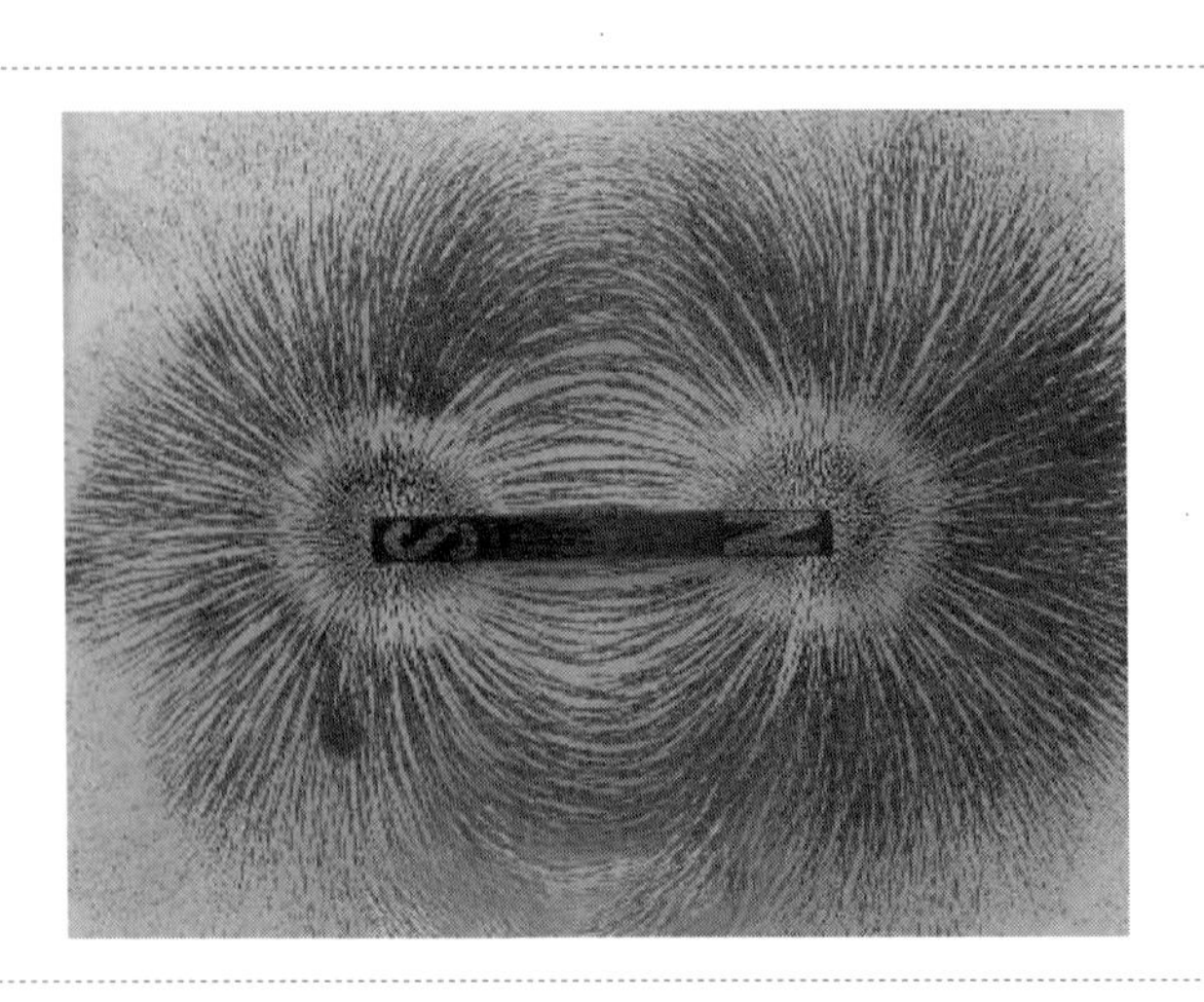

図10　棒磁石の周囲に作られる磁場

つまり、この自由電荷は正の固定電荷からは離れる方向かつ負の固定電荷に近づく向きに力を受けるということです。同じ符号の電荷どうしには反発し合う斥力が働き、違う符号の電荷間には引きつけ合う引力が働くということとも辻褄が合っています。

ここまで説明してきたことを「電場」という言葉を使って言い換えると、「自由に動き回る電荷は、固定電荷によりつくられた電場から力と受ける」ということになります。

ここで出てきた「場」という考え方は、電磁気学に限らず物理学の他の場面でもよく出てきます。

地球と太陽はお互いに重力により引き合い、このおかげで地球は太陽の周囲を公転しています。これも、「太陽による重力場の中で、地球は公転運動をしている」と考えることができます。

話を電磁気に戻しましょう。電荷に正負の2極があるように、磁荷もN極とS極の2極から成ります。そして磁気も電気と同じように、磁荷が存在すると周囲に磁場が形成されます。磁場も上記で説明した電場の磁気版と思って差し支えありません。小学校や中学校の実験で、磁石のまわりに砂鉄をばらまいてどうなるかを観察したことがあると思います。図10のような棒磁石では、N極とS極とつなぐような線が浮かび上がりますが、これを磁力線と呼び、電気における電気力線に対応しています。

しかし磁気には電気とは決定的な違いがあります。それは単極の磁荷は現在見つかっておらず、おそらく存在していないということです。電荷は正極だけ、あるいは負極だけという風に、電荷が単独で存在することができます。一方で磁荷は、N極だけあるいはS極だけでは発見されておらず、つねにN極とS極がペアで現れます。磁荷は単極では存在できず、N極とS極の2つペアで現れる磁気双極子として存在するということができます。

ここで磁気双極子という語句が出てきましたが、これは先ほどの図10でも出て来た棒磁石を思い浮かべるのが一番分かりやすいと思います。棒磁石は両端がN極とS極になっていますね。たとえば地球も内部に巨大な棒磁石が入っていると考えることも可能です。現在の地球では北極の近くにS極、南極の近くにN極があり、そのおかげで方位磁針のN極が北を、S極が南を指します。

磁気が単極では存在できないことは、以下のような簡単な実験でも感じ取ることができます。

磁石のおもちゃや冷蔵庫などにメモ用紙をくっつけるマグネットは、皆さんのご家庭にもあると思います。そのようなマグネットを2個用意し、お互いに近づけてくっつくかどうか試し

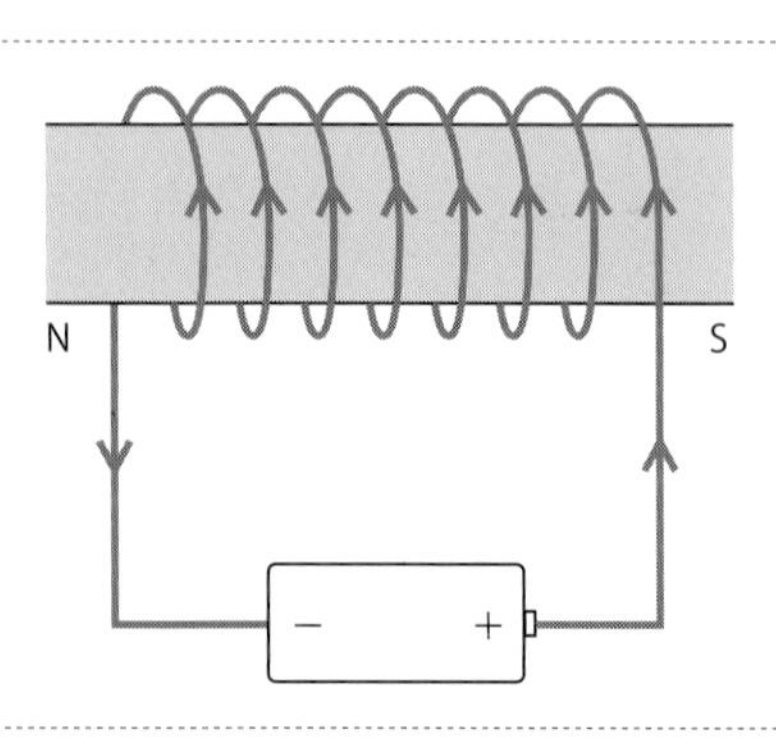

図11　電磁石と磁場

てみます。マグネット2個を近づけていくと、お互いに吸い寄せられる場所と反発して離そうとする場所がないでしょうか？

もしマグネットが単極の磁荷からできていると、このようなことは起きるでしょうか？　たとえば2つのマグネットがどちらも単極でN極のみから、もしくはS極のみというように同じ極からできている場合は、どの場所でも反発し合うはずです。逆に片方がN極の単極でもう一方がS極の単極の場合は、どの場所でも吸い寄せられるはずです。しかし実際はこうはなっていません。

もう皆さんお分かりだと思います。2つのマグネットが吸い寄せられる場所と、離れようとする場所がある原因は、どちらのマグネットもNとSの両極を持っているからです。違う極どうしが近づく場所では吸い寄せ合い、同じ極どうしが近づく場所では離れ合おうとしているということになります。

では磁荷とは一体何者でしょうか？　磁荷は単極で存在できないということとも関わってくるのですが、磁荷そのものの実体はなく、磁気の起源は実は電荷の動きなのです。電荷の動きは電流とも言い換えることができます。電荷は、止まっているときには周囲に電場をつく

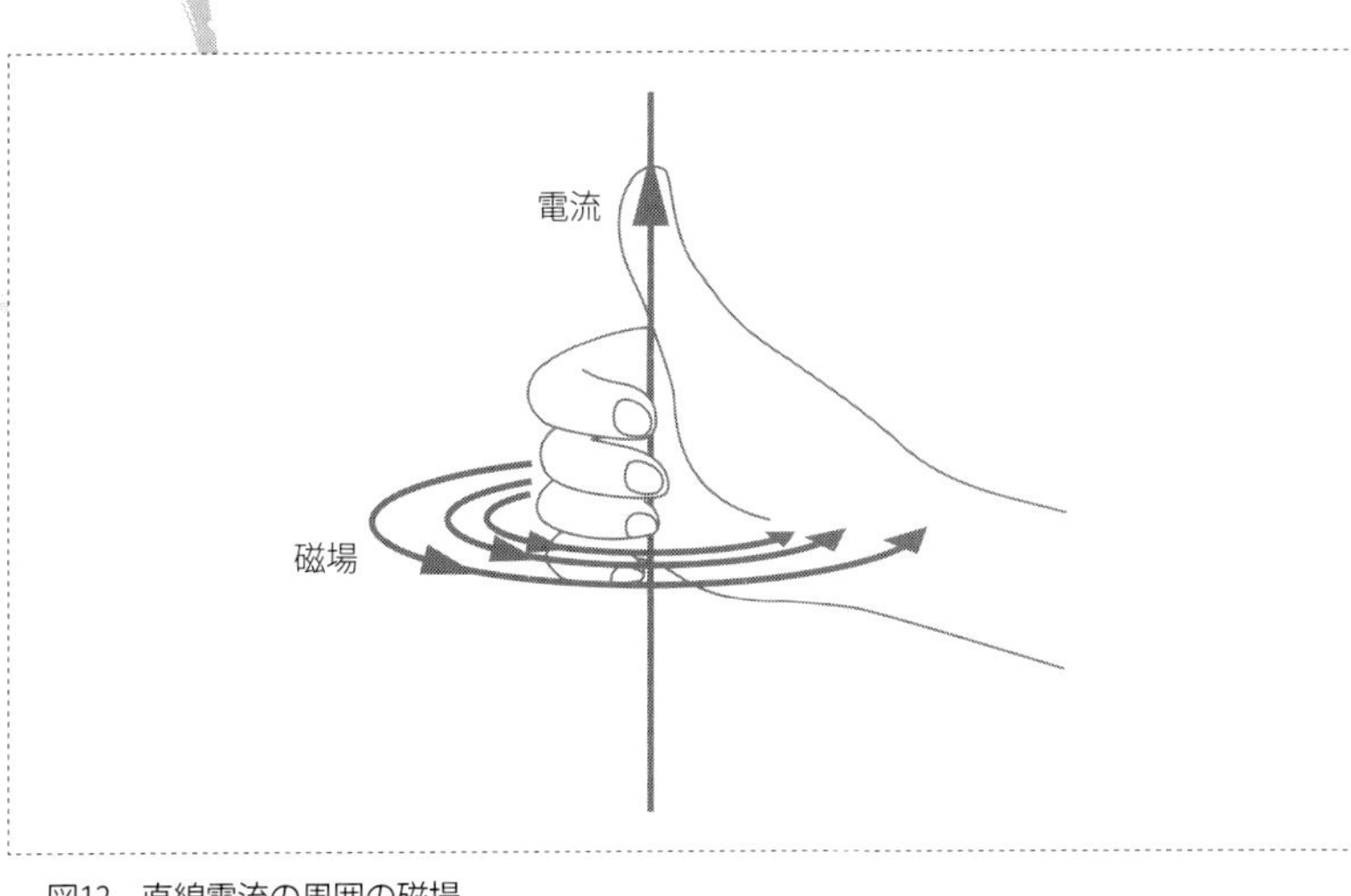

図12　直線電流の周囲の磁場

りますが、動き出すと電場に加えて磁場もつくってしまうということです。

中学校の理科で、電磁石の実験に取り組んだ方も多いのではないでしょうか？　この電磁石は、電荷の動きが磁場をつくることを端的に示した好例です。鉄心の棒にコイルをぐるぐる巻きにして電流を流すと、コイルの周囲には磁場がつくられます。図11の場合は、コイルの左側をN極、右側をS極とする棒磁石となります。

直線にはった銅線を流れる電流のまわりにも磁場はつくられます。図12のように、下から上へと流れる場合に、電流を上から見ると反時計回りに磁場ができることになります。通常ねじ（右ねじ）を締め込む際、ねじの進む向きが電流に、ねじの回転方向が磁場に対応するので、右ねじの法則とも呼ばれます。

コイルの場合とこの直線電流の場合を比べると、コイルでは電流がぐるぐる回り、直線電流では磁力線が回転しています。電流と磁場の役割が一見逆になっているのですが、よく

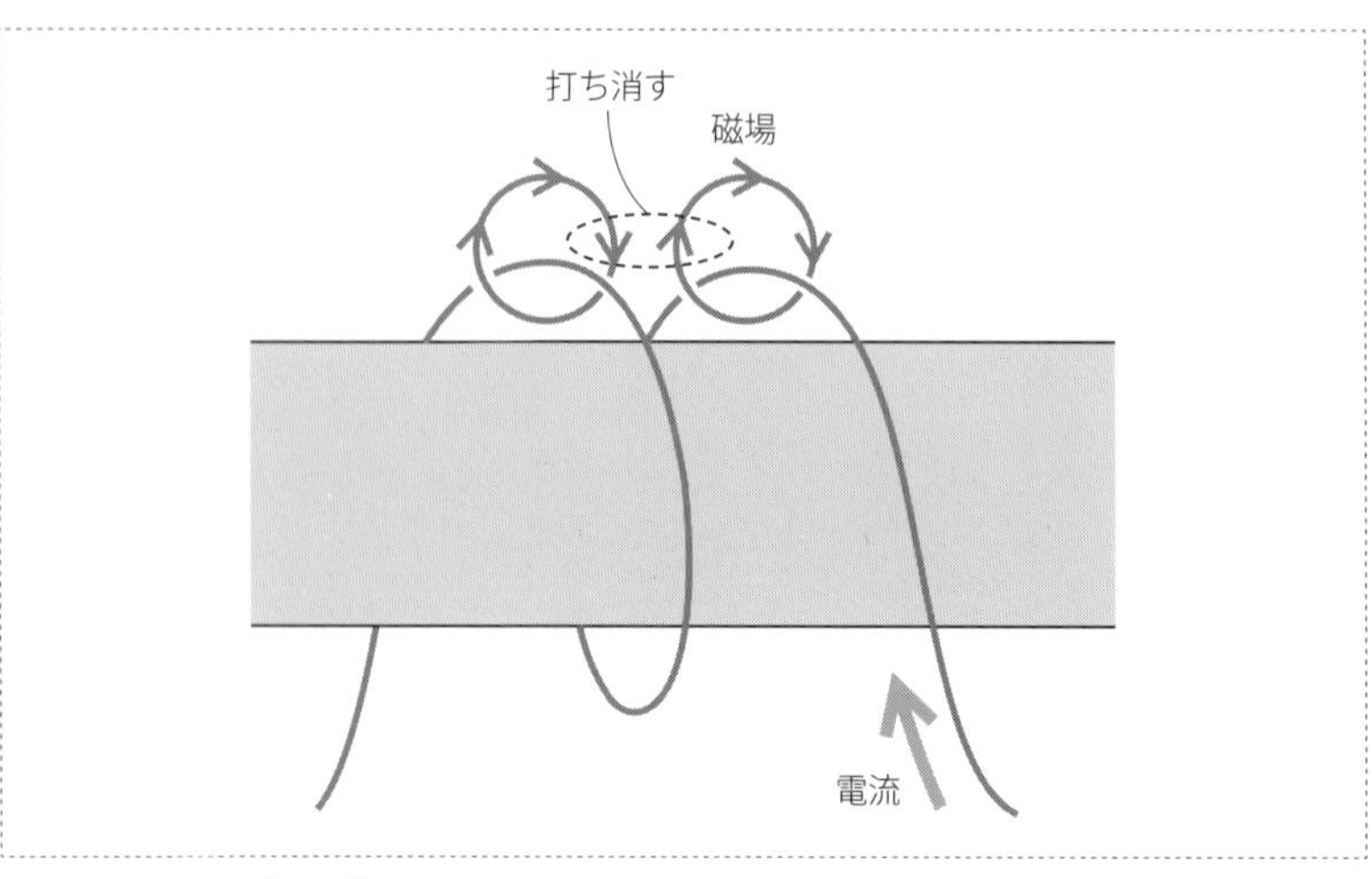

図13　コイル電流と磁場

考えてみると辻褄があっていることが分かります。

　コイルの場合も、電流のまわりには図13のように右ねじの法則に従う磁力線がつくられます。導線がとなり合っていますので、図のように電磁石に垂直向きの磁力線はお互いに打ち消し合い、図11のようなN極とS極になります。つまり基本は、図12の直線電流の場合で考えれば良いのです。

　ここでさらに踏み込むと、磁荷については今後はできる限り考えない方が良いかも知れません。たとえば直線電流のまわりの磁場はぐるりと1周するので、どこにN極やS極があるのかを考え出すとよく分からなくなります。

　電磁石の場合も、コイルの外部にある磁場はN極から出てS極に入って来るとすると考えやすいものの、コイルの中を考え出すとこれまた分かりにくくなります。ですので、電流と磁力線の向きが、図12の直線電流のような関係になっているとするのが、基本的な考え方としては良いでしょう。

　この節をまとめると、磁場とは電流であるということになります。途中で紹介した、私たちが日常生活で使っているマグネットにも実は電流が関係しています。マグネットの中には電子が存在していて、その電子のスピンと呼ばれるある種の自転運動が電流となり、磁場をつくっているのです。次節では、この電流と磁場の関係を軸に、実際の太陽の磁場について見て行きたいと思います。

対流と磁場

電荷を帯びた粒子——荷電粒子——が動き回ることは電流が流れているということであり、それはまさしく磁場そのものである、というのが前節で分かったことです。太陽でも荷電粒子が動き回る場所では、磁場が形成されていることになります。

前章で紹介した太陽風は、水素やヘリウムなどイオン、電子という荷電粒子の流れ出しですので、まさに電流であり、磁場を形成しています*。これは太陽の外側での話ですが、太陽の内部でも荷電粒子が動き回っている場所があります。ここでは内部の磁場に注目したいと思います。

太陽の中心核付近は1500-1600万度と高温で、ここで核融合反応により発生したエネルギーは低温の外側へと流れていきます。ここまでは前章で触れたとおりですが、では実際どのようにしてエネルギーは流れていくのでしょうか？　太陽をはじめとする恒星の内部では、エネルギーの流れ方としておもに2つの方法があります。

1つ目の方法は放射と呼ばれるもので、発生した光子がそのままエネルギーを運んでいくことによるものです。太陽や恒星の内部では光子はまっすぐ進めませんので、周囲のガスを構成する粒子と衝突しながらランダムウォークにより進んで行きます。高温部分で発生した光子が低温部分に侵入し周囲の粒子と衝突すると、衝突された粒子はエネルギーをもらうことになり

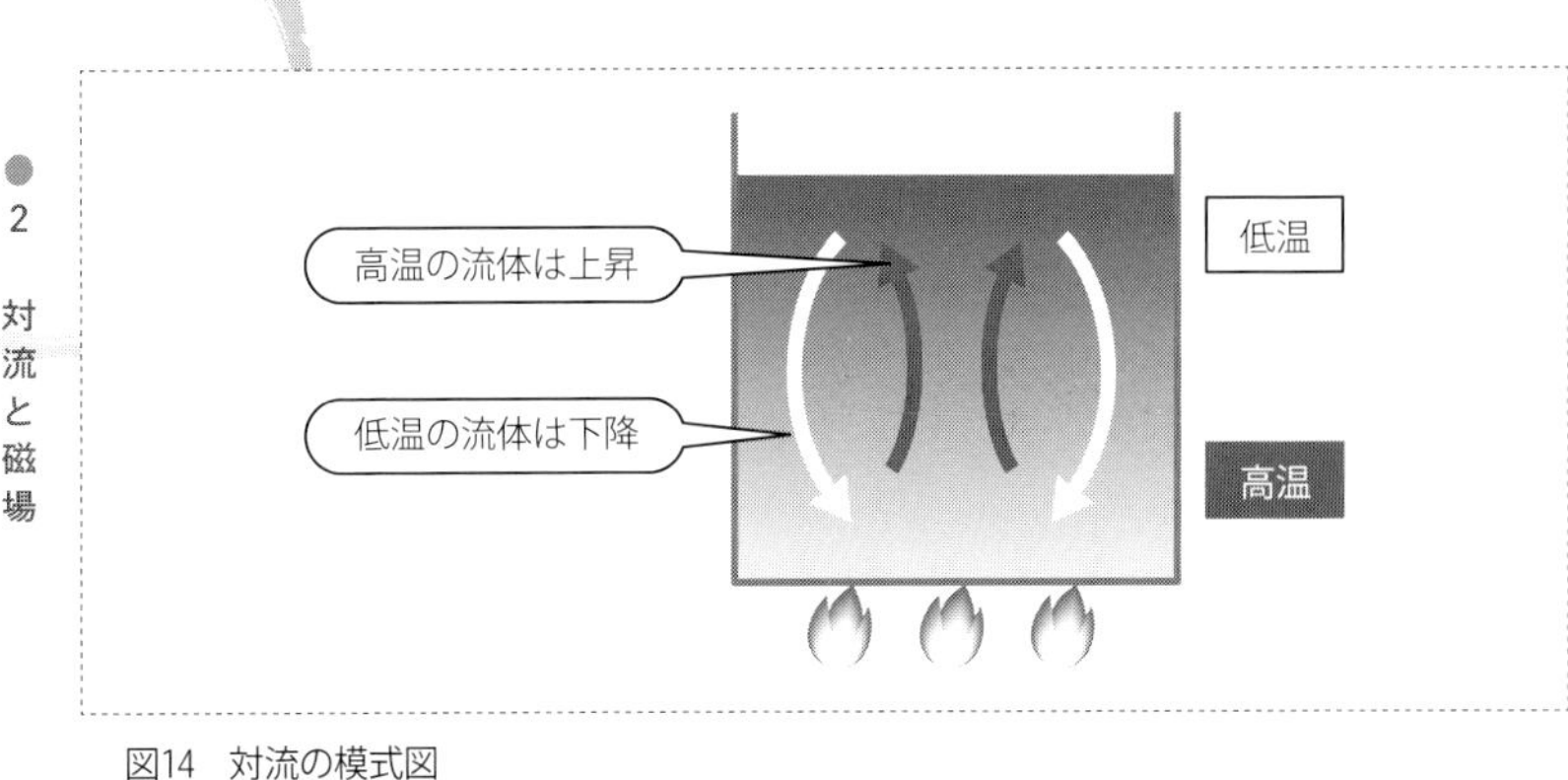

図14　対流の模式図

ます。つまりこのような過程により、より内側の高温領域から外側の低温領域へエネルギーを流すことができます。この場合、光子がエネルギーを伝える役割を担いますので、ガス自体は運動する必要がありません。

もう1つの方法は対流と呼ばれるもので、ガスそのものが動き回ってエネルギーを流します。身近な例として、冷めたスープやみそ汁を温める際に起きる対流を挙げることができます。冷めたスープを下から温めると、下部が温まって軽くなるため上昇し、まわりと混ざることにより周囲のスープを温めます。一方、上部の冷たい部分はそれを埋め合わせるように下降します。この一連の流れで、エネルギーは下部から上部へと伝えられます。このことをエネルギーの輸送といいます（図14）。対流によるエネルギーの伝達の特徴は、ガスそのものが動いてエネルギーを伝えるということです。

恒星の内部では放射と対流の両方がエネルギーを伝えるのに重要な役割を担いますが、重要性は場所によって異なっています。どちらがより

＊実は正の電荷を持つイオンと、負の電荷を持つイオンの個数がほぼ釣り合い、正負の電荷数はほぼ打ち消し合い正味の電荷は0に近いのですが、正負の電荷の微妙な速度の差により電流ができています。

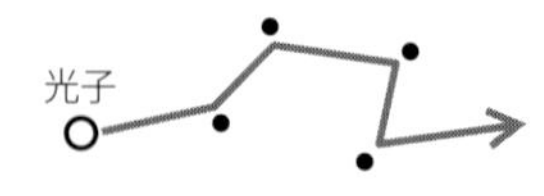

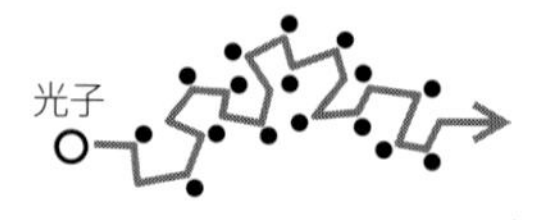

図15　透明な場合と不透明な場合の光子によるエネルギーの伝達

重要になるかを決める要素の1つに、ガスの不透明度があります。

地球上の霧を例に取り、不透明度とは何かを説明しましょう。山岳地帯を訪れると霧に入り込んでしまうことがよくあります。同じ霧でもたとえば1メートル先も見通せないような濃い霧もあれば、数十メートル先までは何とか見通せるような薄い霧もあります。このような霧の濃さを表す指標として、不透明度を用いることができます。

不透明度は、光子がガスの構成粒子により散乱あるいは吸収される前に、どれぐらいの距離を直進できるかにより決まります。霧が濃ければ濃いほど光子が直進できる距離は短くなり、私たちにしてみると遠くを見通せないということになります。直進できる距離が短いほど不透明度は大きいということになります。

この不透明度を、放射によってエネルギーを流すことと関連づけてみましょう。ある地点から別の地点に光子がエネルギーを運ぶことを考えてみましょう。不透明度が小さいと光子は周囲のガスの構成粒子とあまりぶつからずに、効率良くエネルギーを運ぶことができます。

一方不透明度が高いと、同じ距離を光子が動こうとしても、周囲の粒子との衝突を何回も繰り返すことになるので、不透明度が小さい場合に比べて光子自体の動いた距離が長くなり、結果としてより長い時間が掛かります（図15）。つまりガスの不

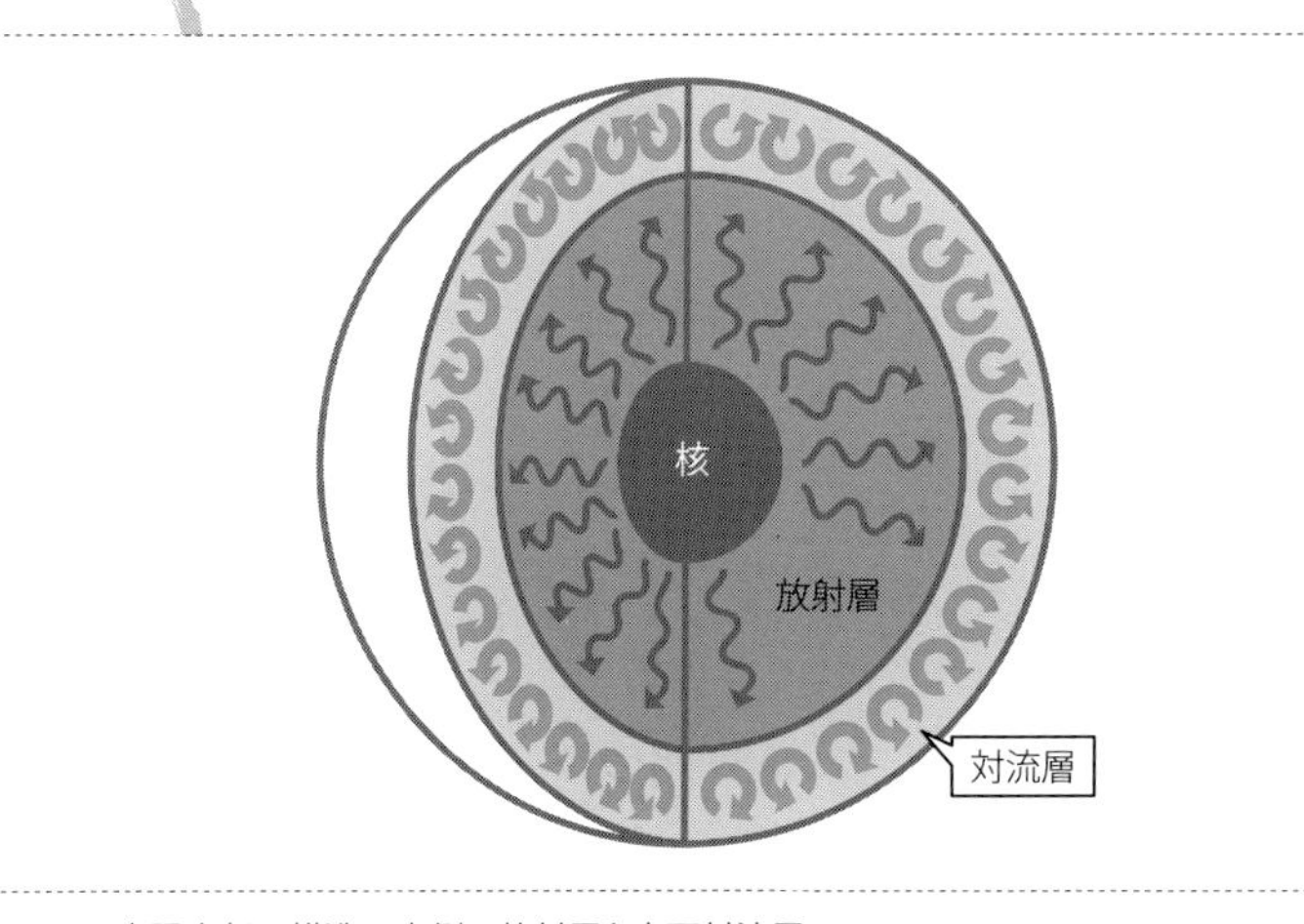

図16　太陽内部の構造。内側の放射層と表面対流層

透明度が上がると、放射によってエネルギーを流す効率が下がるのです。

放射によってエネルギーを効率良く流せなくなってくると、やがてガスが耐え切れなくなり動き出してしまいます。つまり不透明度が大きいと、放射だけでエネルギーを流し切れず、対流によりエネルギーを流すようになるのです。

現在の太陽では、中心核領域やその周囲では放射がエネルギーを伝えています（図16の「放射層」）。一方で、その外側から光球のすぐ下の領域（図16の「対流層」）までは対流状態となっており、これを対流層と呼びます。対流層には、内部からやってくる光子をちょうど吸収したり散乱したりするイオンが多数含まれているため不透明度が高くなり、放射では効率良くエネルギーを流せなくなっています。

表面対流層は、太陽半径の7割程度の場所から光球直下までの、大きな体積を占めます。一番深い場所での温度は300万度程度、一番上層でも1万度近くあります。温度が高いため下層部ではガスは完全に電離しています。上層部では電離せず中性原子状態のものも一部ありますが、電離しイオンと電子とからなっている元素が大量に存在しています。つまり表面対流層は、プラズマ状態のガスから構成されているということになります。

表面対流層では、プラズマガスを構成する荷電粒子が動き回ってエネルギーを下から上へと流すことになります。このため荷電粒子の動き、つまり電流が流れることになり、その結果磁場がつくられます。

表面対流層も太陽の内部にあるので、その中深くまでは観測することはできません。しかし対流層の上側の境界は光球のすぐ下にありますので、光球を詳細に観測することにより対流層の上面の状況を知ることができます（「はじめに」iv - vページ参照）。

図17は太陽表面の一部分を拡大した観測画像です。不規則な細胞のような形をしたもので光球表面が埋め尽くされているのが分かります。これを粒状斑と呼びますが、この構造は対流運動で湧き上がってくるガスによりつくり出されています。冷めたみそ汁を温めて上から見たときと、何となく似ていないでしょうか？　太陽の半径は地球の100倍超と大きいので、粒状斑の典型的な大きさは、1000-3000キロメートルありおおよそ日本列島ぐらいになります。

対流運動はガスのダイナミックな動きですので、この粒状斑も時間とともに動き回ったり拡大したり収縮に転じたり、そしてときには消滅したりまた新たに現れたりします。

光球直下のガスには一部電荷を持たない中性粒子も含まれますが、電離している元素も存在

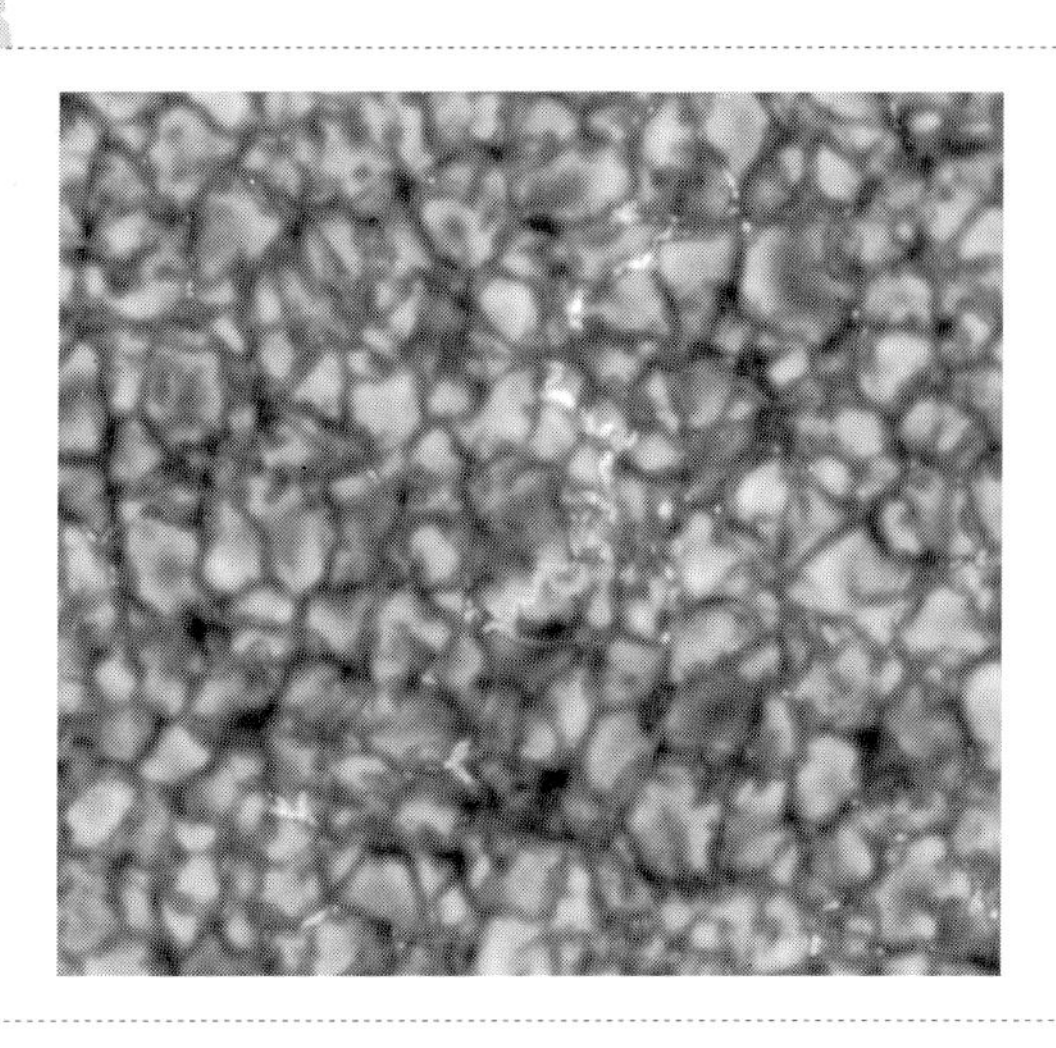

図17　太陽表面の粒状斑（HINODE/SOT による観測画像）（国立天文台 /JAXA）

するプラズマ状態（弱電離プラズマといいます）となっています。このようなダイナミックな動きが荷電粒子の動きにより担われているということで、磁場がつくられています。

自転車のライトにダイナモというのがあります。これは車輪が回転する運動エネルギーを電流に変換しライトを光らせています。磁場がつくられている太陽の表面対流層でも、ガスの運動から電流そして磁場が生成されるという点ではまったく同じなので、ダイナモ効果と呼ばれます。

次ページの図18は、そのような対流運動の結果太陽の内部でつくられた磁場が表面から外側に漏れ出し、光球から上空へと伸びている磁力線構造を描いたものです。表面の濃淡は、磁束密度と呼ばれる磁場の強さを示す量に対応しています。色が濃くなっている場所が、磁力線が密集し磁場が強い領域に対応しています。これらの強い磁場の領域から伸びる磁力線が描かれています。

図18には2枚の図がありますが、このうち上図は高速太陽

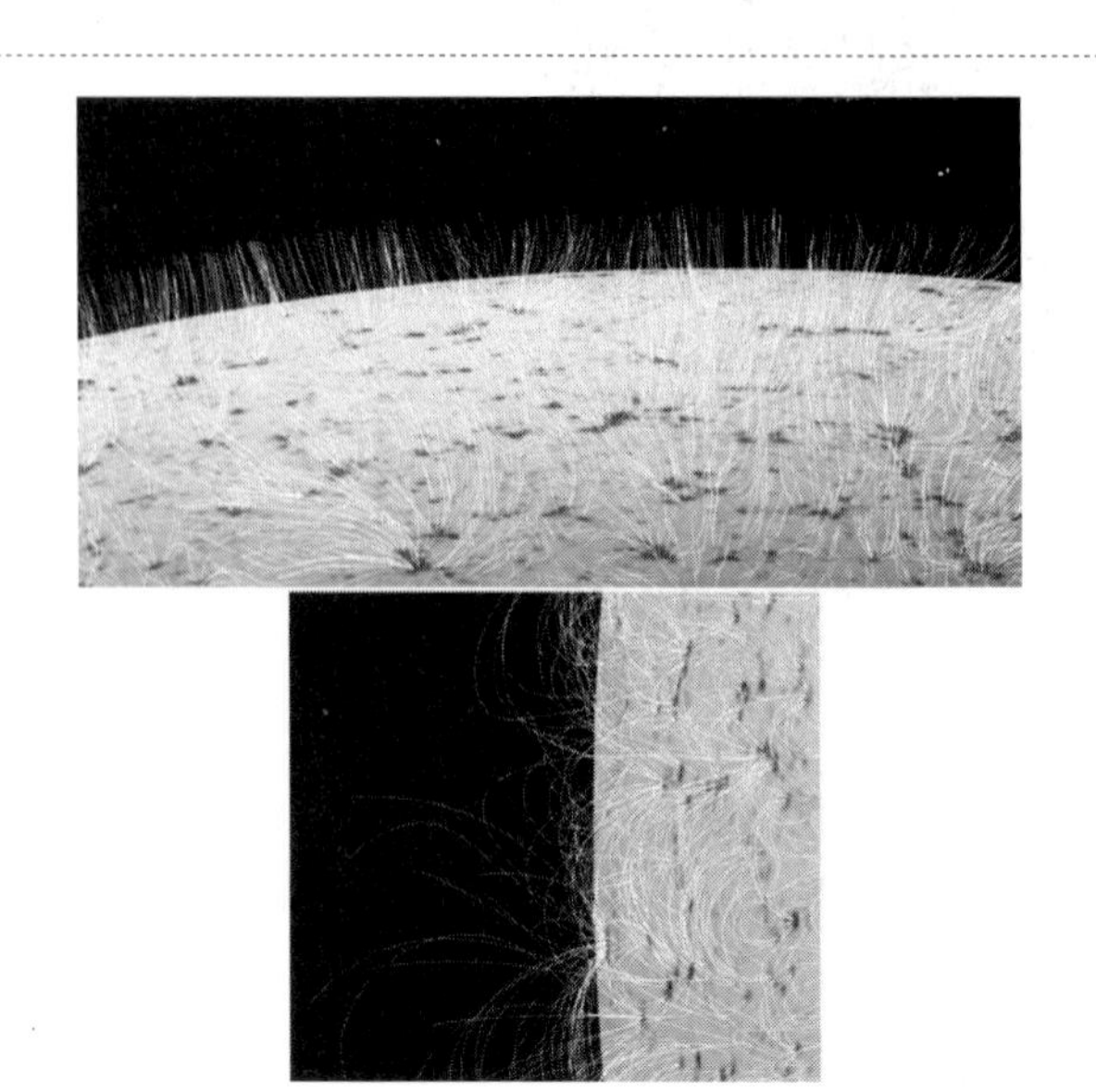

図18　人工衛星「ひので」による太陽表面の磁場観測。表面の濃淡は光球での磁束密度を表しています。濃い場所が磁場の強いところに対応しています。表面から伸びる白色線は光球での磁束密度をもとに磁力線の状況を計算したものです（Ito *et al*. The Astrophysical Journal, Volume 719, Issue 1, pp.131–142, 2010より転載）

風が流れ出ることが多いコロナホールのもので、下図は静穏領域の状況を描いたものです。

コロナホールでは上空へと「開いた」磁場形状の磁力線が多く見られるのに対し、静穏領域ではループ形状となる「閉じた」磁力線も多く分布していることが分かります。いずれの領域でも、表面対流層でつくられた磁場が光球から上空のコロナ領域へと伸びているのが分かると思います。ここには図がありませんが、活動領域では先に述べた静穏領域と同じく閉じた磁力線構造におおむね覆われてます。静穏領域との違いは、磁場がより強いということです。

この節を閉じる前に、エネルギーの流れについてまとめたいと思います。おおもとのエネルギーは何度も出てきたように、中心核領域での核融合反応です。これにより

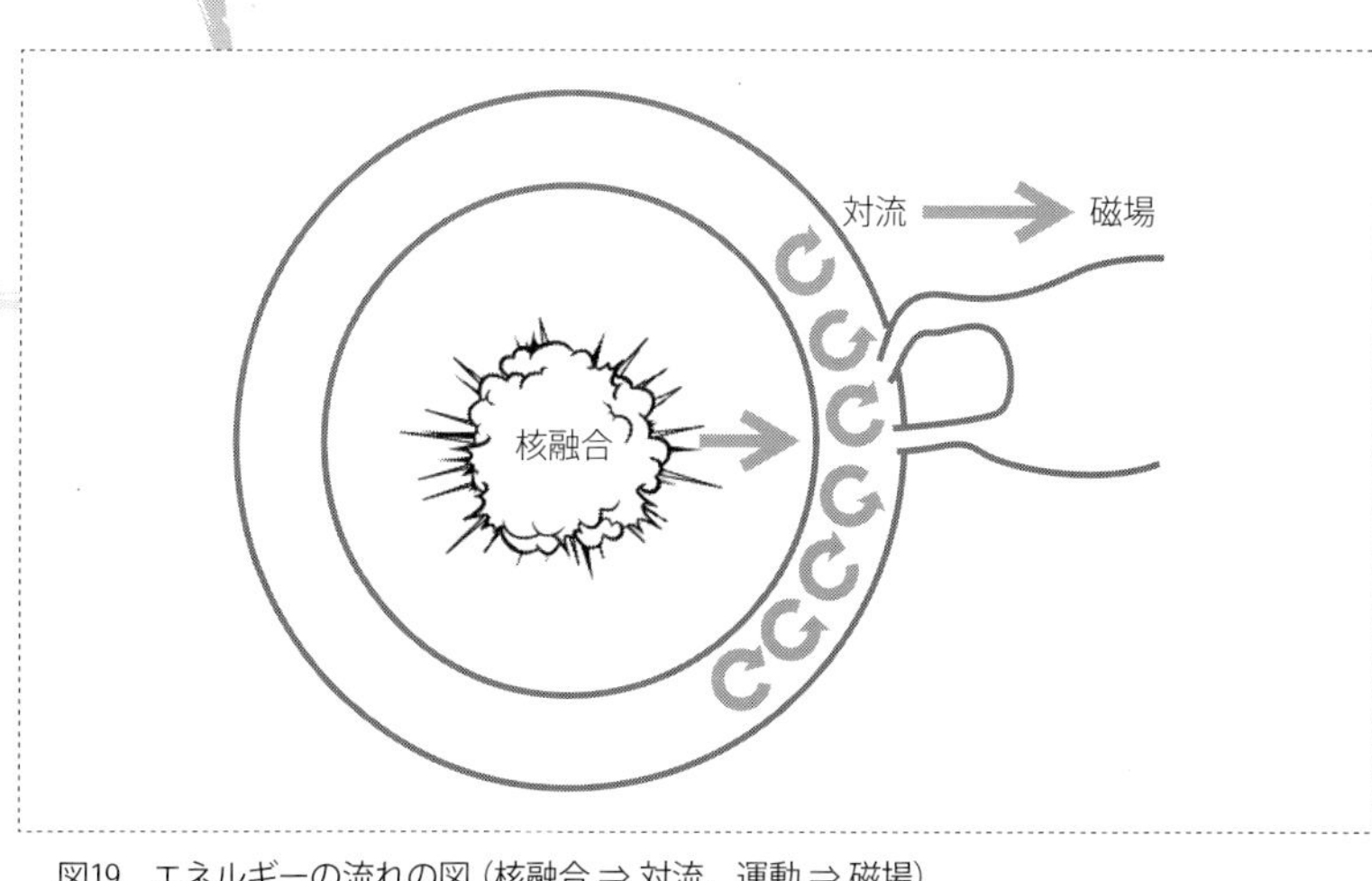

図19　エネルギーの流れの図（核融合 ⇒ 対流、運動 ⇒ 磁場）

生成されたエネルギーが外側に向かって運ばれ、表面に近い場所では対流がエネルギーの運搬を担います。対流というのはガスそのものの動きですので、運動エネルギーに変換されて運ばれていくと理解することができます。

そしてさらに対流層では、荷電粒子の動きである電流により磁場がつくられます。結果として、中心核領域での核融合のエネルギーが運動エネルギーにいったん変換された後、最終的に磁場のエネルギーへと変わったということになります（図19）。

ただしここで注意しなくてはいけないのは、核融合で生成されたエネルギーの大部分は光子として宇宙空間に放射されますので、磁場へと変換されるのは一部分になるということです。表面対流層の内部は直接観測できないので、どの程度の割合が磁場になるのかは不確定要素が大きいものの、おおよそ1％程度かそれ以下だと考えられています。この割合は非常に小さいと感じられるのではないでしょうか。しかし、表面直下で生成されたこの磁場が、上空のコロナの加熱や太陽風の駆動に甚大な影響を及ぼしているのです。

ガスと磁場の関係

磁場の実体は電流であることは分かりましたが、では磁場とガスとの関係はどうなっているのでしょうか？　この節は少し難しい内容も含みますのでまず結論を先に述べておくと、磁場とガスは一体となって運動しやすいということになります。このような状況を、磁場はガスに凍結していると表現します。これを説明する際に、日本国内の研究会での発表では「もちの中のゴムひもと説明すると直感的に伝わりやすいよ」と大学院生時代の先輩であった新田伸也氏（現 筑波技術大学准教授）からアドバイスを受けました。もちがガス、ゴムひもが磁力線に対応していて、状況をよく形容していると感じています（図20）。それでは以下、もちの中のゴムひもと表現される理由を説明して行きます。

太陽の内部や大気を構成するガス粒子は、電荷の観点から3つに分けることができます。まずは負電荷を担う電子と反対の正電荷を担うイオンがあります。これらは電荷を持たない中性原子が電離することによりできたものです。中性原子がすべて電離している完全電離の場合はこれら2種類しかありません。太陽の内部の深い場所やコロナでは温度が非常に高いため完全電離となっています。

一方、他の場所に比べて比較的低温な光球付近や彩層では完全電離にはなっておらず、中性

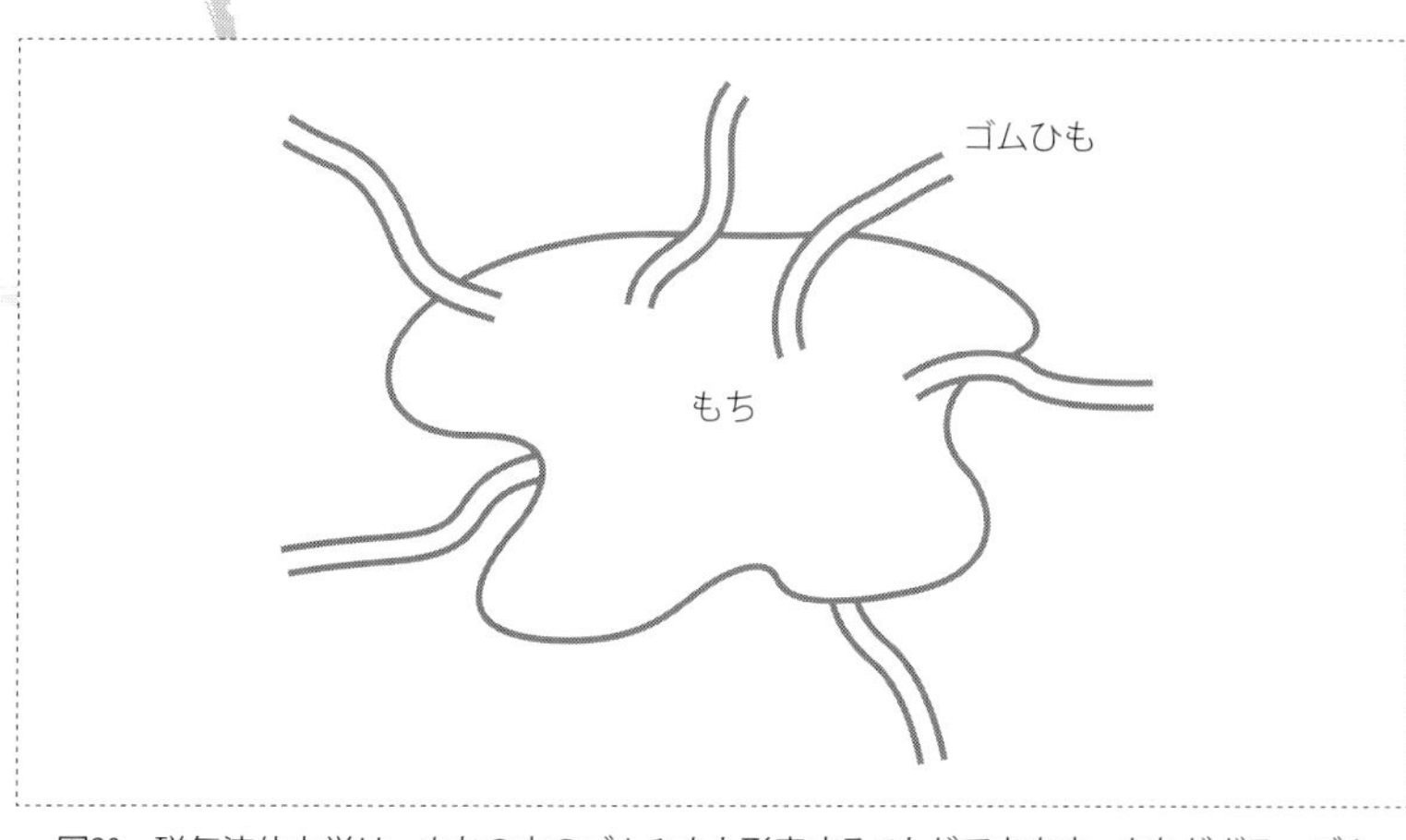

図20　磁気流体力学は、もちの中のゴムひもと形容することができます。もちがガス、ゴムひもが磁力線に対応しています

原子も存在します。すると、ガスは電荷が正、負、0の3種類の粒子から構成されていることになります。

ガスはこのようなイオン、電子、原子という非常に小さな粒子からできていて、粒子の大きさ程度の小さな現象を扱わない限りは、粒々それぞれの個々の性質には深入りすることなしに、まとめて状況を調べれば良いことになります。

これは我々の身の回りにある空気や水についても同じですね。私たちが水を飲むときに、水を構成する水分子の粒々を意識することはありません。気体（ガス）や液体を総称して流体と呼びますが、このように構成する粒子の「つぶつぶ」としての性質は問わずに、集合体としての流れの様子などを調べる学問を流体力学と呼びます。

個々の粒子たちが集ってひとまとまりの流体として振る舞うためには、重要な要素があります。それは構成粒子どうしで頻繁に「衝突」しているということです。ここで「衝突」とかぎかっこ付きなのは理由があります。衝突というと、ビリヤードの玉どうしがバチンとぶつかるような印象を受ける

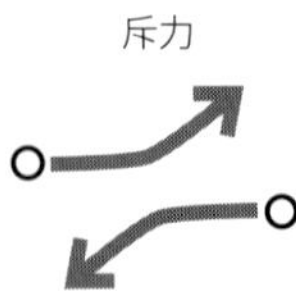

図21　クーロン散乱される際の、粒子の軌跡。斥力の場合（左）と引力の場合（右）

と思いますが、電荷を持った粒子どうしの場合は様相が異なります。正と正あるいは負と負という同種の電荷どうしの場合は斥力が、異なる種類の電荷どうしの場合は引力が働きます。

お互いに近づいてきた粒子どうしに斥力が働く場合は、あいだの距離が近づかないような方向に軌道が変えられます。引力が働く場合は、お互いどうしのまわりにまとわりつくように軌道が変えられます（図21）。好き勝手な方向に動きまわっていた個々の粒子は、周囲の粒子とバチンと衝突する前に、電気的な力（クーロン力）により動きが曲げられるわけです。このような状況から、ここで紹介した「衝突」は粒子が散乱されるとも理解できるので、「クーロン散乱」と呼ばれたりもします。

粒子どうしの「衝突」の結果、何が起きるでしょうか？　1つの粒子に着目すると、ランダムに動きまわりながら、時折他の粒子に散乱されて向きを変えるという状況です。それでは、10個、100個、1000個とひとまとめのグループを考えるとどうでしょうか？　個々の粒子では、右に行くものと左に行くもの、あるいは上に行くもの下に行くものとランダムに動いていています。数多くの粒子の集団を見ていくと集団運動が見えてくるようになります。たとえば右に行くものと左に行くものが同じ質量だけあると、その重心は止まっているので集団運動としては静止しているとして良いでしょう。右に行く粒子が100個、左に行くものが90個ある場合は、差し引き10個分は右に向かいますので、正味の運動方向は右となります。

ズームアウトし俯瞰(ふかん)して見て行くと集団運動が見えてきて流体として振る舞うようになるためには、粒子間に働く力、そして粒子どうしの「衝突」が重要な役割を担います。もし粒子間にまったく力が働かない場合は、どんなに大きなスケールで見ても各粒子は自分の好き勝手な方向にランダムに運動し、集団運動は見えて来ないでしょう。一方でお互いに力が働き「衝突」を繰り返しているような場合には、粒子どうしが牽制し合うような状況になり、大きなスケールでは集団運動するようになります。

この大きなスケールでの集団運動ということについては、少し実感が湧きにくいかもしれません。特に粒子どうしで斥力が働いた場合などは、集団運動ではなくバラバラになるだけではないかとも思えます。身近な例として、満員電車から人々が降りて、出口改札に向かう場合を考えてみましょう。駅のプラットホーム上では改札口に向かう流れができますが、この流れに逆らって動くことは非常に困難です。同様に、前の人を何人も追い越して改札口に向かうことも大変な労力が必要でしょう（そもそもまわりの人々に迷惑ですが）。個別の人を見て行くと、左右に空いたスペースにうまく入ったりとランダムな動きもしています。俯瞰してみると皆は周囲の人々とぶつからないよう最低限の空間を確保した上で、流れに乗って人々は改札口へと進んで行くことになります。

ここの例は厳密な意味では、電気的な力であるクーロン力とは違いますが、他の人々とぶつ

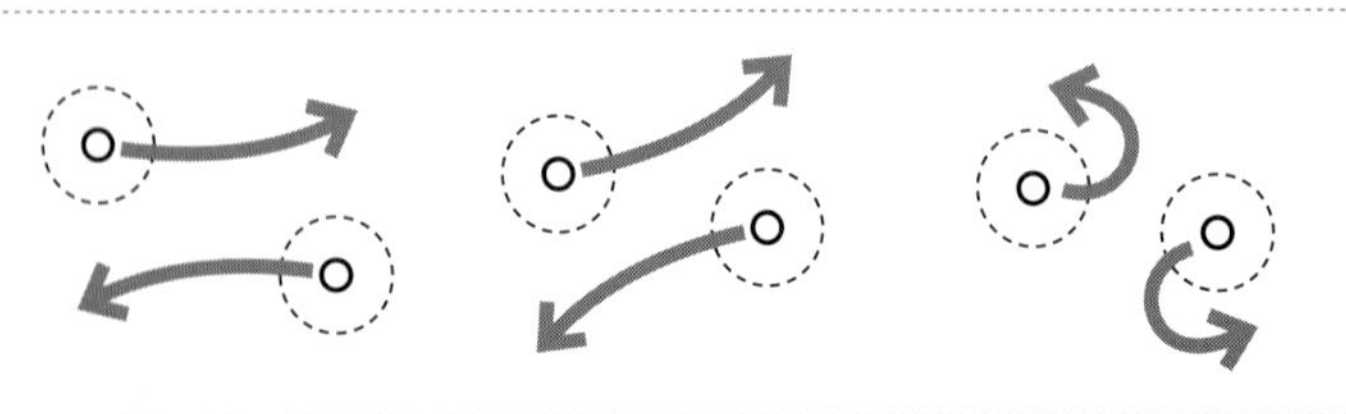

図22　同じ電荷を持った粒子どうしの散乱現象。２つの粒子がすれ違うときの両者の距離が遠いときは、お互いの軌道はほとんど曲げられない（左）が、近づいてくると大きく曲げられるようになる（中、右）。粒子の軌道の変化の観点から定義される粒子の「大きさ」を破線で表している

からないように自分の周囲に空間を確保する際に、我々はまわりの人々と「力」をやり取りしていると考えることも可能でしょう。この「力」により、我々は好き勝手な方向に進むことは非常に難しく、大きなスケールでは集団の流れの方向へと進んで行くと考えることができます。

この混雑した駅の例では1つ注意点があります。この例では、粒子の大きさに対応する人の体の幅や厚みと、粒子間距離に対応する人どうしの間隔は似通ったものになっています。たとえば体の厚みが約30センチメートルなのに対し、非常に混雑した状況では前後の人との間隔はたとえば50センチメートル程度まで短くなるでしょう。

このように粒子の大きさと粒子間距離が同程度という状況は、天体や宇宙の気体では非常に密度が高い状況に対応しています。高密度天体の一種で大質量星の最期である中性子星の内部など、このような混雑した状況になっている天体もあるにはあるものの、太陽プラズマの場合はかなりスカスカです。

イオンや電子の大きさがいったい何かと考え出すと、難しい問題が出てきます。そこで電気の力であるクーロン力がおよぼす半径として考えてみましょう。電荷を持った2個の粒子を考えると、互いの距離が遠い場合にはクーロン力の影響は小さく2個の粒子は速度を変えずにまっすぐ進みます。さらに

近づくとクーロン力の影響で軌道が曲げられます。引力が働く場合と斥力が働く場合で軌道が曲げられる向きは逆ですが、曲がることに変わりがありません。この軌道が曲げられる粒子からの場所を、粒子半径と考えることにするのです（図22）。

おおまかな数値を挙げておきましょう。非常に小さな数を扱うことになりますので、10をいくつかかけた10の何乗といったべき乗の数を使います。たとえば、0・1は10のマイナス1乗、0・01は10のマイナス2乗と表します。これを順繰りに続けていくと、どんなに小さな数も表すことができます。これを使うと、電子の半径は約10のマイナス15乗メートル、イオンの場合は種類により違いますが平均的なものでは10のマイナス10乗メートル程度になります。ただし陽子そのものである水素イオンはもっと小さく、電子と同じ程度です。

これに対して、となりの粒子までの平均的な距離は、対流層では10のマイナス9乗メートル程度です。これは電子や水素イオンに比べるとかなり大きくなりますので、状況としてはかなり「空いている」ことになります。さらに太陽では内部から外層に行くにしたがい密度は減少しますので、上空のコロナはもっとスカスカの状況になり、となりの粒子との距離は10のマイナス3乗メートル（1ミリ）程度まで長くなります。

混雑状況という観点からは、先に述べた混み合った駅の状況とはだいぶ違うものの、それぞれの粒子は非常に速い速度で運動しています。対流層やコロナの温度に対応する100-200万度では、イオンの平均速度は毎秒200キロメートルにもなります。水素イオンに比べて2

000倍近く質量の小さな電子はもっと高速になり、毎秒1万キロメートル近くになります。これだけ高速で動き回っていると、いかにスカスカな状況といえども近場の粒子と遭遇する頻度も高くなります。遭遇すればするほど、各粒子は軌道の修正を受けて、大きなスケールで見ると集団として運動する流体の様相を呈するようになります。

ガスと磁場の凍結

ではこれから、流体の一種であるプラズマガスと、磁場の関係をくわしく見ていきます。電荷の観点から3種類に分けた粒子のうち、磁場の源である電流を担うのは正と負の電荷の動きになります。正の電荷の動く方向が電流の流れる向きと定義されており、負の電荷の場合は動く向きと反対に電流が流れることになります。

正の電荷はイオンから構成されています。負の電荷を持つイオン（マイナスイオン）も光球付近に少量存在しているもののその寄与は小さく、負の電荷はほぼすべてが電子により担われています。前に述べたようにイオンに比べて電子の質量は非常に小さく速く動き回ることができますので、実際の状況としてはゆっくりと動くイオンたちの中を軽い電子たちがすばしこく動き回っていることになります。

ここまでの個々の粒々を意識した粒子的描像から一気にズームアウトして、プラズマガスをまとめて見る流体的描像に移りましょう。軽い電子はすばしこく動き回ってはいるものの、周囲の電子、イオンらに散乱されながら流体粒子の一員となります。混雑した駅のプラットホームの例のように、俯瞰して大きなスケールから眺めると、電子、イオン、さらに中性原子が存在する場合は電荷を持たない粒子も含めて、違う粒子たちも同じように運動するようになります。

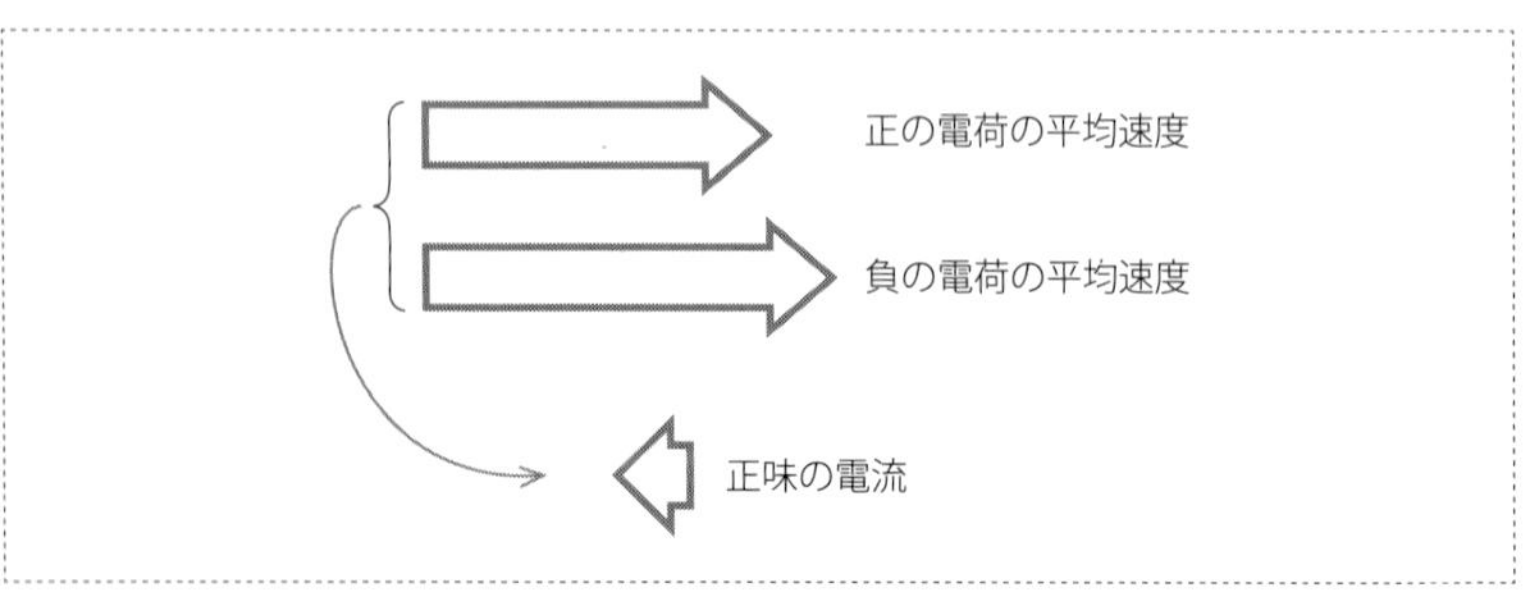

図23　正の電荷と負の電荷に速度差がある場合、電流が生じる

さてここで磁場について考えてみましょう。磁場は電流ですので、荷電粒子の流れに注目します。正の電荷と負の電荷が同じ量、まったく同じ速度で同方向に流れる場合、電流はいくらになるでしょうか？　この場合、正味の電荷量は正と負で完全に打ち消し合い、電流は0になります。この結果、磁場も存在しないことになります。

一方、太陽プラズマでは、正の電荷を担うイオンと負の電荷を担う電子が、お互いに散乱されながら動き回っています。両者は集団としては「ほぼ」同じ速度で同方向に運動しているものの、非常に小さな速度差が生じています。ある方向に対して、負の電荷を持つ粒子の平均速度が正の電荷の平均速度よりほんの少し速い場合、正味この方向とは逆方向に電流が流れることになります（図23）。このような正負の電荷を持つ粒子群の平均速度の微妙な差が、磁場の原因となります。

正味の電流を作る正と負の電荷を持つ粒子の速度差は、粒子各々の速度や、大きなスケールで見たときの集団運動の速度よりもずっと小さいものになります。したがって、正と負の電荷を持つ粒子のそれぞれの集団速度はほぼ同じで、正、負、0の電荷の粒子群はすべてがほぼ一体となり運動をしています。しかし、わずかに速度差がありこれが磁場を形成しているということが、太陽プラズマの状況なのです。

ガス自体が一体となり運動し、そのガスの構成粒子により磁場が形成されているので、結果としてガスと磁場は一体で運動することになります。この節の最初で述べた磁力線のガスへの凍結——ゴムひもと「もち」の関係——が実現されていることになります。

このような磁力線の凍結は、太陽に限らず天体や宇宙のプラズマの特徴的な性質です。一方ですべての天体プラズマで磁力線のガスへの凍結が実現されているわけではありません。小さなスケールで見ると、構成粒子個々の速度の差の影響が目立ってきて、流体としての振舞いや磁場の凍結というものが完全ではなくなってきます。

また、正味の電荷を持たない中性の粒子の割合が大きい場合も、磁場の凍結が悪くなります。磁場は正と負の電荷を持つ粒子の速度差に起因しますので、電荷を持たない粒子は実質的に関係がありません。磁場がこれら中性粒子と強く結びつくためには、電荷を持つ粒子と持たない粒子の間で頻繁に衝突が起きる必要があります。衝突が起きることにより、中性粒子の総体としての運動の方向が電荷を持つ粒子の方向へと引きずられるようにして徐々に変えられていき、やがて両者は一体となり運動するようになります。

密度が薄かったり、中性粒子の割合が大きい場合、この衝突の効果が追いつかない状況になります。たとえば、星の誕生の現場である星間ガスの一種である分子雲ガスでは、磁場の凍結が切れ解凍している状況となっている場合があります。太陽でも、光球や彩層では中性

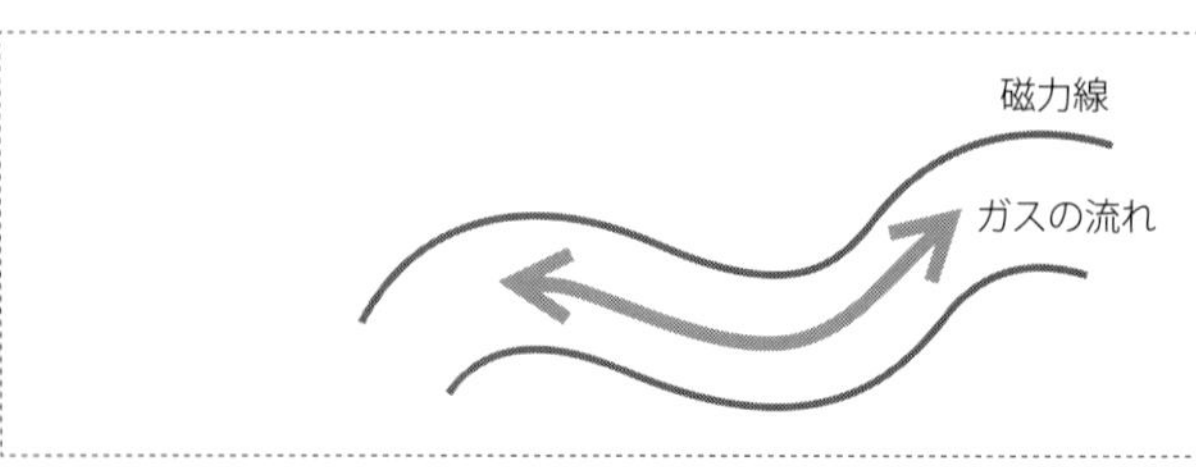

図24　磁場とプラズマガスが凍結している場合、ガスは磁力線方向にのみ動くことが可能

原子が存在し、小さなスケールでは磁場とガスの凍結があまり良くない状況となっている場合もあります。一方、対流層や上空のコロナ、太陽風領域では両者は十分に凍結し、もちの中のゴムひもと形容される状態となっていると考えておおよそ問題ありません。

磁場とプラズマガスの凍結している状況は、見方を変えると、ガスの動く方向が磁場により限定されるということになります。もちとゴムひもでも良いのですが、ここではゴムひもの代わりに竹串を考えましょう。磁力線がピンと張って、ゴムひもが竹串のように固くなったと思っていただければ良いでしょう。もちと竹串というと、串に刺さった団子になりますね。私たちは串団子を食べるとき、団子を串に沿って動かしてゆき串から抜いて食べますね。これは、団子を串に対して垂直方向に引きはがすのは大変だからです。

実はガスと磁力線の間にも、団子と串と同じような関係があります。つまり、ガスは磁力線方向には容易に動けますが、磁力線を横切って動くことは困難になります。特に磁場とガスが完全に凍結して一体となっている状況では、ガスは磁力線方向にのみ自由に動けるということになります。これは磁場が存在することにより、ガスの運動の方向がコントロールされるということを意味しています（図24）。

太陽表面のX線画像には複雑な構造が見られ、これは磁力線の形状を反映していると説明した理由がここにあります。少し前に出てきた図7（14ページ）には、ループ形状の磁力線が見えます。これは磁力線の形状を反映していることから、ループ内にあるプラズマガスが出す電磁波を見ていると解釈できます。このガスの起源として、表面から磁力線に沿って昇ってきたプラズマガスと考えると辻褄が合います。もしガスが磁力線を乗り越えて運動できるのであれば、ガスをループ形状の磁束の塊の中に保持しておくことはできず、ループの外側に逃げ去ってしまうため、このような形状を観測することはできないでしょう。

また高速太陽風が吹き出す場所であるコロナホールでは、磁力線構造が惑星間空間に開いているからこそ、ガスが磁力線に沿って上昇し太陽風として流れ出すことが可能であるというのも、同じ理由であることはお分かりになるでしょう。

次節以降では、この磁力線のプラズマガスへの凍結を踏まえて、磁場とガスとの間の力やエネルギーのやり取りについて見ていきましょう。

磁場がガスに与える影響

太陽プラズマではほとんど場合、磁力線とガスは一体となって運動します。こうなると、ガスが動いたときには、磁場はその動きに引きずられ磁力線の形を変えるでしょう。逆に磁場の状況が変化した場合には、ガスも磁場から力を受けて動き出したり、速度が変化したりするはずです。さらに、磁場によりガスが加熱されることもあります。ここではまず、後者の磁場からガスに掛かる力、そして、磁場によるガスの加熱、言い換えると磁場からガスへのエネルギーの流れについて述べたいと思います。

磁場からガスに掛かる力の出発点となるのは、ローレンツ力です。ローレンツ力とは電磁場中を運動する電荷を帯びた粒子に働く力のことで、オランダの物理学者ヘンドリック・ローレンツにその名を由来します。磁場と荷電粒子の関係は図25のようになり、磁力線と荷電粒子の運動方向の両方に垂直な方向にローレンツ力は働きます。図のようなまっすぐな磁力線を考えると、荷電粒子は磁力線に巻き付く旋回あるいは螺旋（らせん）運動をすることになります。

話を少し脇道にそらしますが、この直線磁場と荷電粒子の旋回運動による電流の関係を、本書の最初の方で紹介した電磁石のコイルを流れる電流と生成される磁場との関係とで比べてみましょう（28ページの図11）。磁場の向きを同じに取ると、電流の流れる向きが逆になっている

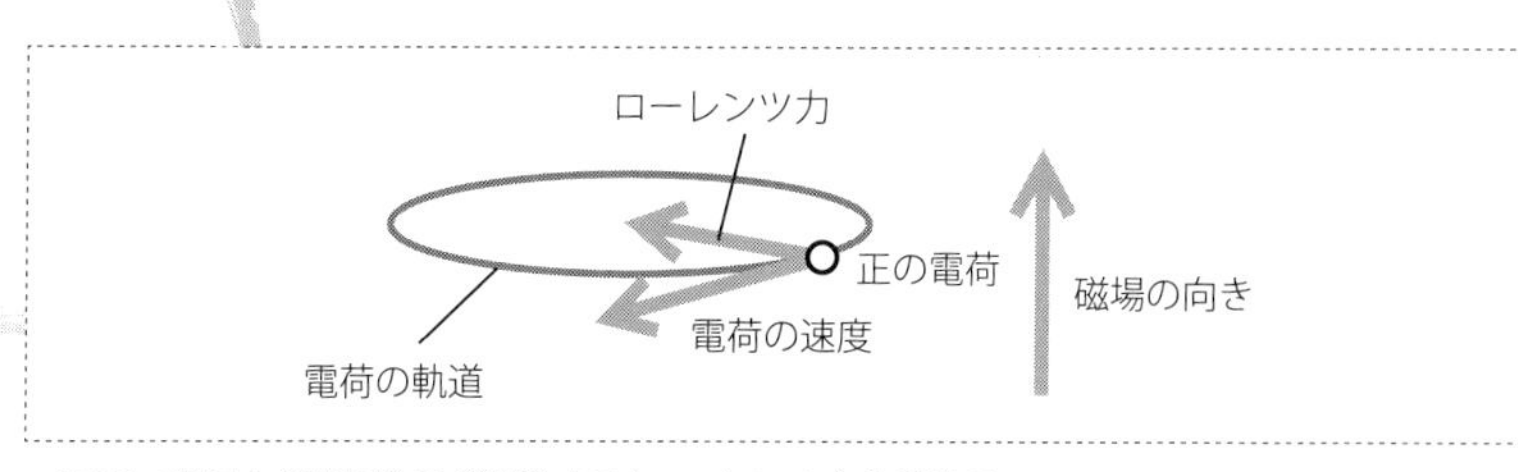

図25　磁場中を荷電粒子が運動するとローレンツ力を受ける

ことにお気づきでしょうか？　これは何を意味するのでしょうか？　今回の荷電粒子の旋回運動による電流も磁場を生成しますが、ここで生成される磁場の向きはもとからある磁場の向きとは逆になっています。見方を変えると、荷電粒子の旋回運動はもとからある磁場を弱めようとする働きをすることになります。

これは負のフィードバックと呼ぶことができ、もとからあるものを弱めて現象を穏やかにするように働く、安定化機構となります。もし荷電粒子の旋回方向が逆回りで、もとからある磁場を強めるように働く場合は困ったことになります。磁場が存在する中で、自由に運動する荷電粒子がフラフラとやって来ると、磁場を強めてしまいます。

たとえば、最初に非常に弱い磁場ができてしまうと、その磁場は周囲の荷電粒子を自分のまわりに旋回させて、自己増幅して磁場を永久に強めてしまうことになります。これは上記とは逆の正のフィードバックであり、不安定化機構となります。自然界でこのような正のフィードバック機構が働くと、現象が暴走し手が付けられなくなりますが、幸いここで出てくる磁場と荷電粒子の間のローレンツ力ではそうはなっていません。

荷電粒子の運動は電流と考えることもできますので、ローレンツ力は磁場と電流の間に働く力であるということもできます。このように説明するとアレっと思われる方もいるのではないでしょうか？　これまで、磁場の実体は電流であると説明してきました。これを踏まえると、ローレンツ力は電流と電流に間に働く力と考えることもできますし、あるいは逆に、磁力線と磁力線の間に働く力と考えても良さそうです。

電流の観点から考えることも、磁力線の立場から考えることもでき、両者は本質的に同じことになりますが、本書ではおもに後者の立場を取ります。磁力線どうしに力が働く、つまり磁場があるとそれにより力が働くということです。さらに磁場とガスの凍結を考えると、磁場による力はガスにも働き、ガスを加速あるいは減速させます。磁場による力は大きく2つに分けられますが、以下それぞれを見ていきましょう。

Column

アルヴェンと磁気流体力学

太陽の内部や大気のプラズマガスを解析するために、「磁気流体力学」という手法がしばしば利用されています。磁気流体力学は、電気や磁気を調べる学問である電磁気学と、水などの液体や空気などの気体を扱う学問である流体力学を組み合わせることにより、構築されてきました。本書でも磁気流体の特徴として、プラズマガスと磁力線が「もちとゴムひも」として形容できることを説明してきました。

電磁気学と流体力学を組み合わせて数学的定式化を行った、いわば磁気流体力学の創始者とも呼べるのが、スウェーデンの物理学者ハンネス・アルヴェン（アルフヴェンやアルヴェーンなどと表記されることもある）です。

磁気流体では、磁化プラズマが磁力線の張力により振動し波として伝わることを指摘し、後にアルヴェン波と名付けられています。このアルヴェン波は太陽コロナの加熱や太陽風の駆動でも活躍し、本書でも後ほど登場します。ハンネス・アルヴェンは磁気流体力学での貢献により、1970年のノーベル物理学賞を受賞しました。

磁気圧―磁力線は離れたい

磁場による力の1つめとして、磁場による圧力である磁気圧について紹介します。圧力というとまず思い浮かぶのはガスの圧力ではないでしょうか。ガス圧の例として大気圧について考えてみましょう。

地表の上には空気が存在し、上空に行くにしたがい徐々に薄くはなりますが、地表から10

00キロメートル近くまでの大気の層を構成しています。ではこの大気圧の原因は何でしょうか?

空気はおもに窒素と酸素の分子から構成されます。これまでのプラズマを構成する粒子でも述べたように、これら空気を構成する粒子も激しく動きまわり、頻繁に粒子どうしが衝突しています。ガスが箱の中に入っている場合には、ガス粒子は箱にも衝突します。衝突が無数に繰り返されその総和が壁に与える「圧力」つまりガス圧になります。

大気中の粒子は我々人間の体にも衝突を繰り返しており、その結果我々もガスの圧力である大気圧を感じることになります。この大気圧が人間の体を外側から押し、体内部からの圧力と釣り合うことにより我々は体を保つことができています。深海では海水からの圧力が高過ぎるため体は押し潰され、逆にほぼ真空の宇宙空間では周囲の圧力はほぼゼロなので、宇宙服で防御しないと体が破裂してしまいます。

この大気圧は高度が上がると減少して行きます。たとえば標高3776メートルの富士山頂のガスの圧力(気圧)は、標高0メートル地点の大気圧の約3分2になります。気圧が低い場所では空気が「薄く」なり、呼吸が苦しくなります。空気のような気体の場合、温度が仮に一定だとすると気圧はガスの密度に比例します。同じ種類のガスの場合、密度はある体積に含まれるガスの粒子の数に比例します。富士山頂の気圧が3分の2ということは、0メートル地点に比べて、たとえば1立方センチメートルに含まれる粒子の数も3分の2になっていることに

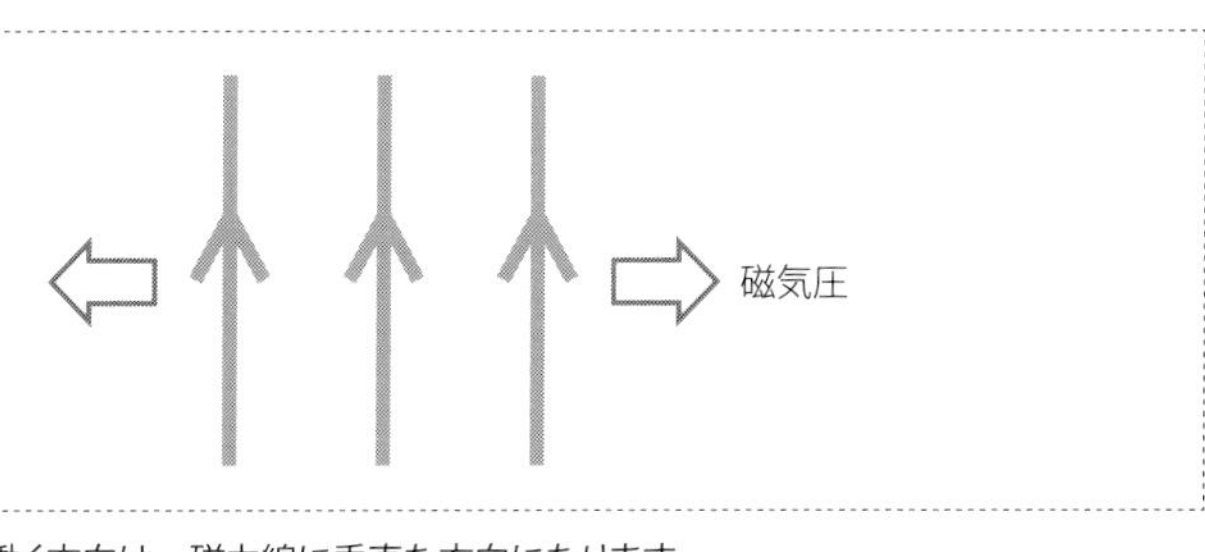

図26　磁気圧の働く方向は、磁力線に垂直な方向になります

なります。本当に空気の量が少ないのです。実際には富士山頂と0メートル地点で温度が違うので、厳密には3分の2からずれますがそのずれの度合いは大きくありません。

ここまでをまとめると、ガス圧はガス粒子が密集し密度の高いところほど大きいということになります。磁場による圧力である磁気圧もこれと似た性質があり、磁力線が密集している場所ほど磁気圧が高くなります。ただし磁気圧にはガス圧とは大きな違いもあります。それは、磁気圧は磁力線に沿った方向には働かず、磁力線に垂直な方向のみに働くということです（図26）。

ガスでは、一般に圧力はどの方向にも同じように働きます。我々の体は上からも下からも横からも大気圧により押されていますが、その大きさは方向によらずいずれも等しくなっています。このような性質を「等方」と呼びます。これに対して磁気圧は、「非等方」であり「指向性」と持つということになります。

59ページの図27のように、磁気圧は同じ方向の磁力線が密集している場所から、磁力線の間隔が広く空いている方向に、あたかも混雑を解消するように働きます。磁気圧が高い場所から低い場所へと磁力線が動くことになります。磁場とガスが凍結している場合、ガスも同じく高磁気圧領域から低磁気圧領域に動かされるのです。

ただしこの議論には注意も必要です。というのも、磁気圧に加えてガス圧も働きますので、実際の圧力による力の方向は磁気圧とガス圧の両方を考慮して決めなくてはいけません。たとえばガス圧が高い場所と磁気圧が高い場所が異なっている場合、どちらの効果がより勝っているかにより全体的な力の向きが決まります。磁気圧の寄与が大きい場合は、正味の力の向きは高磁気圧から低磁気圧側になりますが、ガス圧の方が大きい場合は高気圧から低気圧側へと正味の力が働きます。両者がちょうど釣り合って静止したままという状況になる場合もあります。

磁気圧が強くなるのは、これまで述べたとおり同じ方向を向く磁力線が密集しているときです。では、逆向きの磁力線が近くにあった場合はどうなるのでしょうか?

図28にあるように反平行磁場の間には、磁場が0になる場所があるはずです。その場所では磁気圧は0になる一方で、周囲の領域の磁気圧は0ではないため、周囲からの磁気圧により押し潰される状況になります。ただし一般には、磁気圧が0になる場所ではガス圧が高くなることが多いので、実際の力の釣り合いを考える際には、上述したように磁気圧とガス圧の総和で考える必要があります。

反平行の磁場がとなり合っているときには、さまざまな面白いことが起きますが、そのうちの1つが磁力線のつなぎかえです。図29のように反平行磁場の一部分が非常に接近した後、つなぎかわることがあります。次節で述べるように磁力線には張力が働くので、つなぎかわった後の磁力線はまっすぐになろうとし周囲のガスを引き連れて飛び出して行きます。太陽表面の

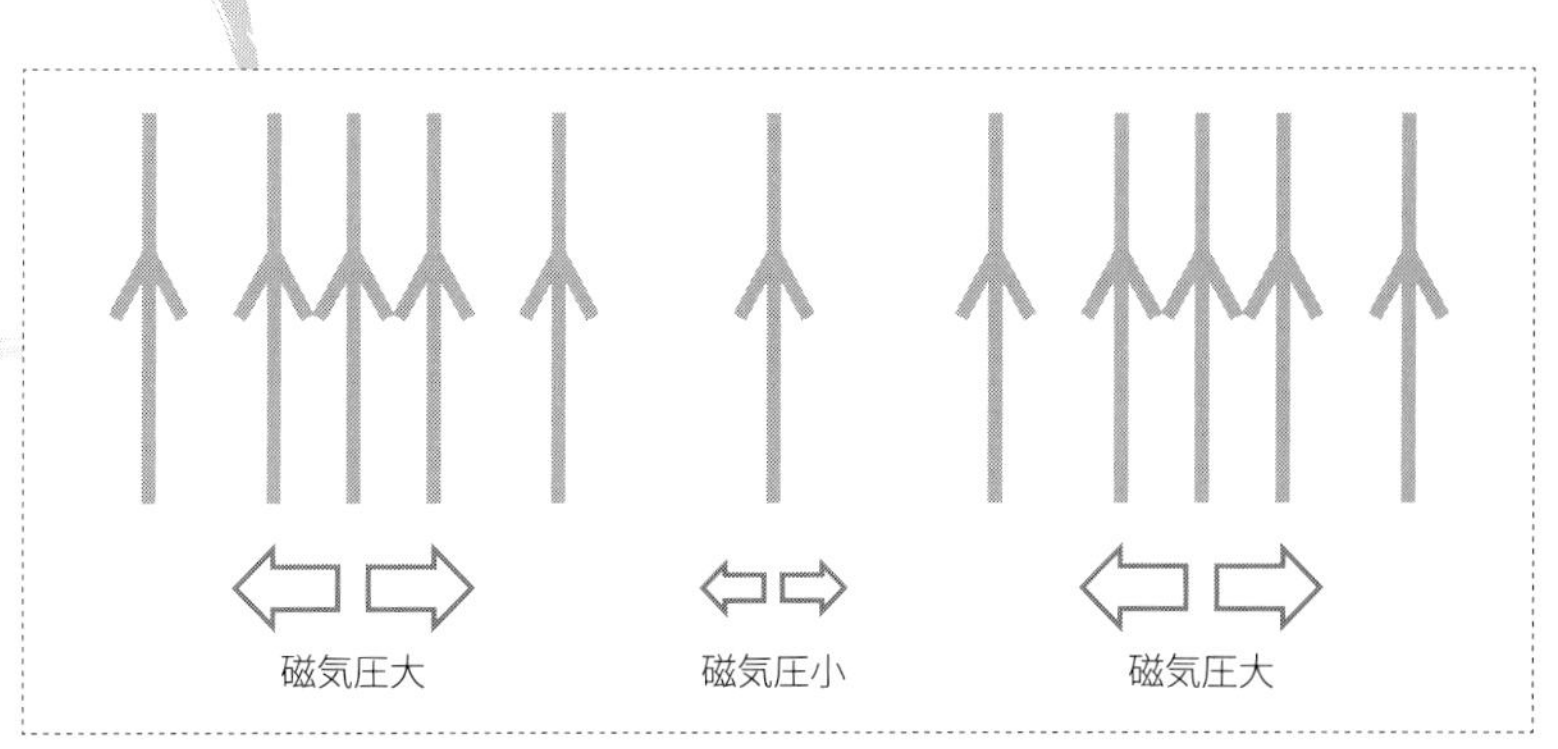

図27　磁力線が密集している場所は磁気圧が大きく、空いている所は磁気圧が小さくなります

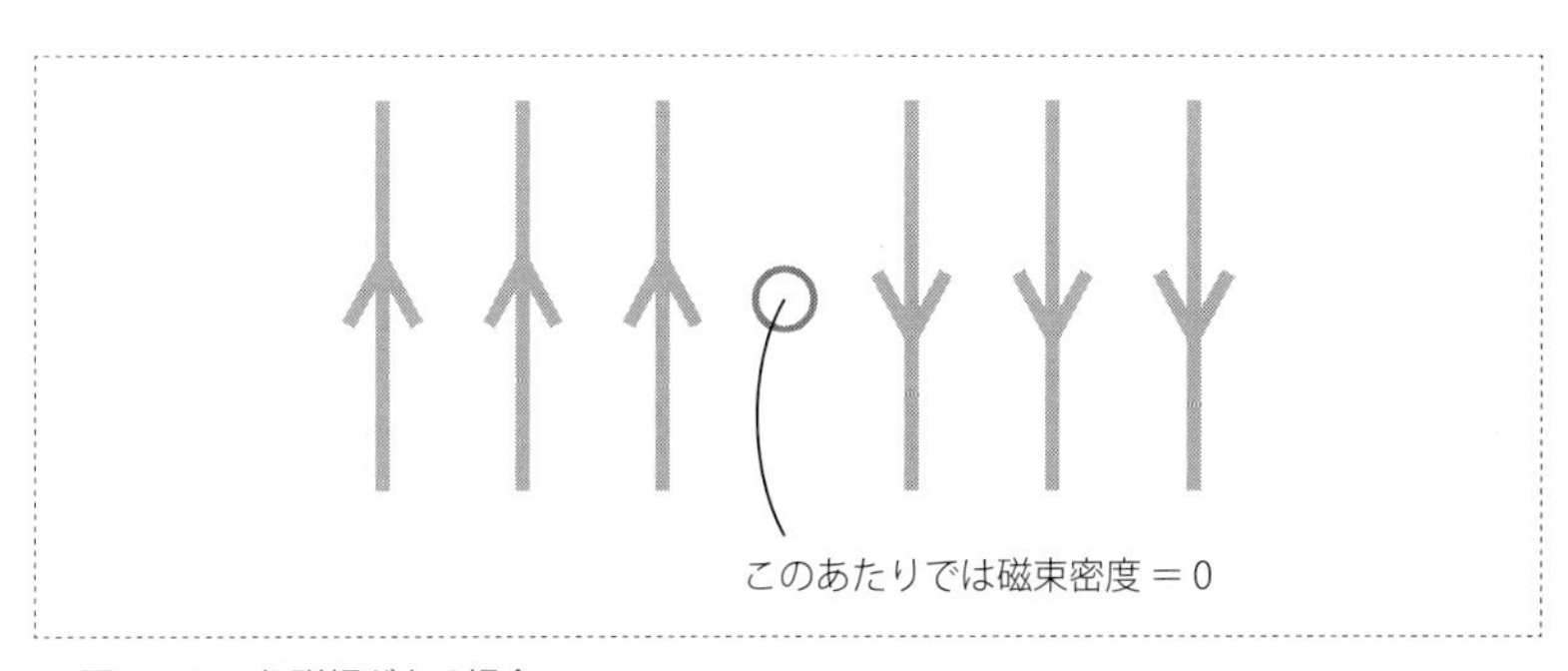

図28　反平行磁場がある場合

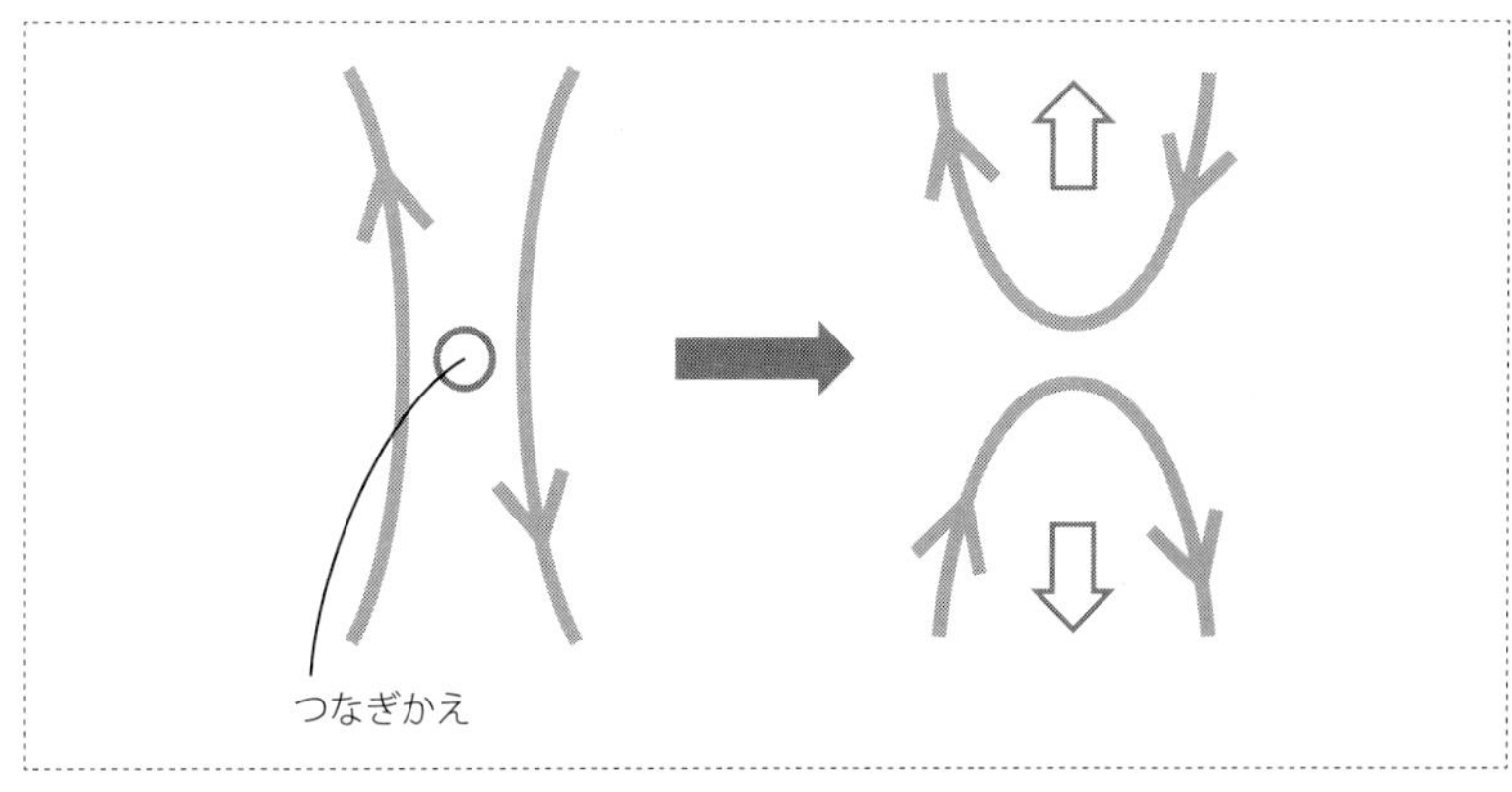

図29　磁力線のつなぎかえ

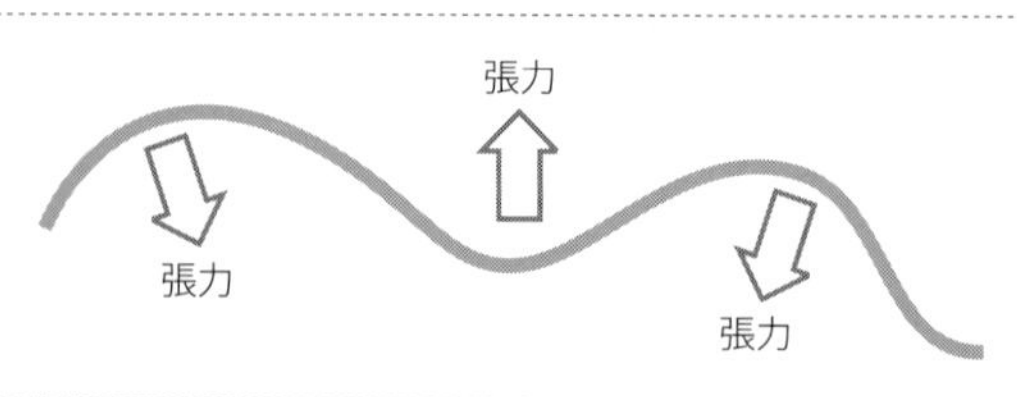

図30　磁場の張力。曲がった磁力線をまっすぐにするように働く

大爆発である太陽フレアは、このような磁力線のつなぎかえが発端になっていると考えられています。

磁気張力―磁力線はまっすぐになりたい

磁場による力として磁気圧とともに重要なのは、磁力線には張力が働くということです。これはたとえば磁力線が曲がっている場合は、まっすぐになりたい性質があるということです。この張力は、ひも状のものをまっすぐにする性質であるという観点から、ギターの弦やゴムひもに働く張力と同じです。

少し前に、太陽大気にある磁場を帯びたプラズマガスはもちの中のゴムひもに形容されると述べましたが、磁力線のゴムひもへのたとえは、この張力をよく表したものです。

磁気圧と同じように、磁気張力も周囲のガスの運動を引き起こす原因になります。たとえば、図30の例で曲がった磁力線がまっすぐになる際に、磁場と凍結したガスも引き連れて行くことになります。

ギターの弦を弾くと音が鳴りますが、これは弦を伝わる波が発生していることを意味しています。弦を手で弾くと、張力により弦を引き戻そうとする復元力が働き

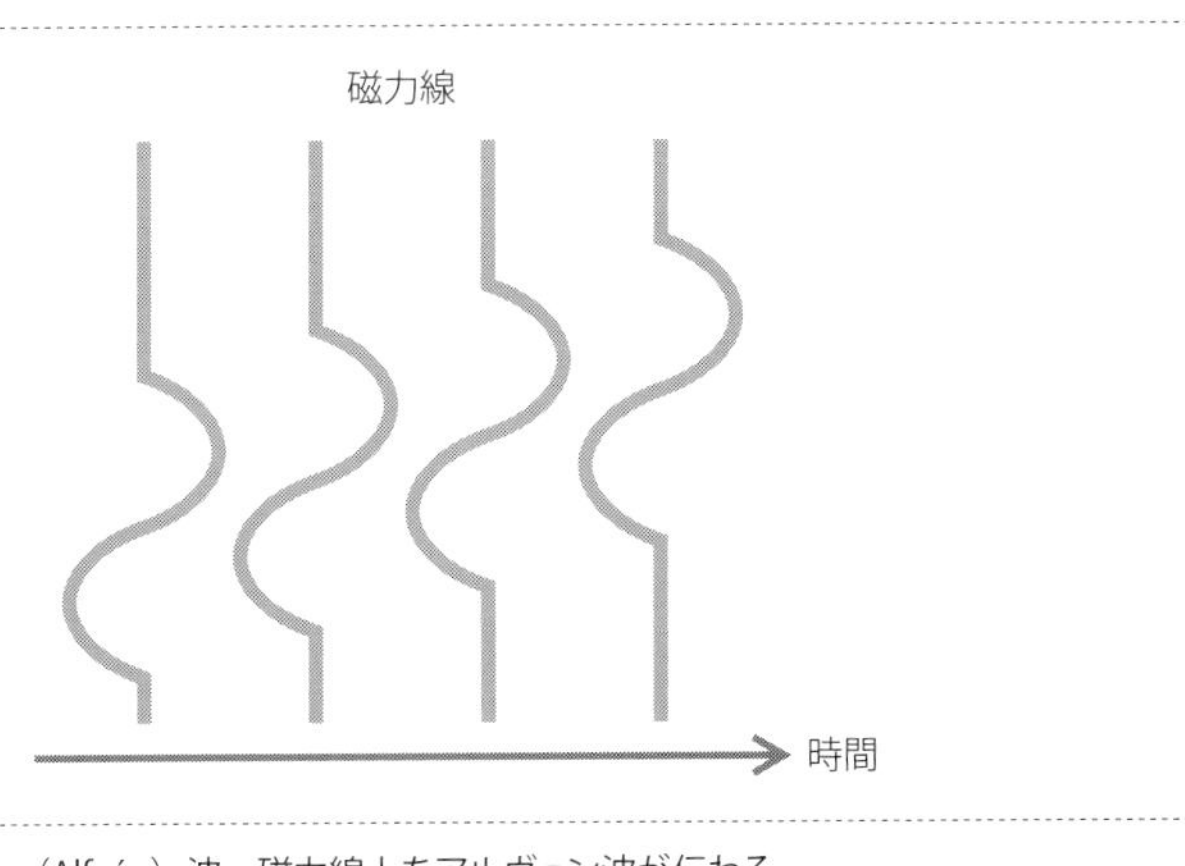

図31　アルヴェン（Alfvén）波。磁力線上をアルヴェン波が伝わる

ます。その影響は弦を順繰りに伝わり波動になります。磁力線でも同じことが起き、張力による復元力のため波が磁力線を伝わっていきます（図31）。

このように張力を復元力とし、磁力線を伝わる波を、スウェーデンの物理学者ハンス・アルヴェンにちなみアルヴェン波と呼ばれています（54ページのコラム参照）。アルヴェン波が伝搬する際には磁力線は横揺れをしますが、磁場に凍結しているプラズマガスも同じく横揺れすることになります。波が伝わる磁力線方向に対して振動の方向は垂直となり、このような種類の波を横波と呼びます。

アルヴェン波に限らず一般に波はエネルギーの流れを伴います。言い換えると、ある地点から別の地点へとエネルギーを伝えることができます。このエネルギーのメッセジャーという性質を上手く使い、アルヴェン波は太陽大気の加熱や太陽風の加速でも重要な役割を担います。このことは次章以降でさらに詳しく説明します。

ガスの加熱

ここまでは磁場の力によりガスが動かされる効果について説明してきました。これはエネルギーの観点から考えると、磁場のエネルギーがガスの運動エネルギーに変換されたということができます。この過程に加えて、磁場のエネルギーがガスの熱エネルギーに変換される過程、つまり磁場がガスを加熱することもあるのです。

加熱の一例として、磁気圧のところで紹介した反平行な磁力線のつなぎかわりがあります。つなぎかわると当初曲がっていた磁力線が、やがて張力によりまっすぐになります。磁力線が曲がっている状況は磁場にいわばストレスが掛かっていることに対応し、磁力線がまっすぐの場合に比べエネルギーが高い状態となっています。つまり磁力線のつなぎかわりの結果磁場のエネルギーが減少し、その分が周囲のガスの加熱に使われています。この磁力線のつなぎかえの際に何が起きているのかを、プラズマガスの構成粒子の立場から考えてみましょう。

簡単のため、図32のようにつなぎかわる2本の磁力線が正の電荷から構成されている場合を考えましょう。電磁石（28ページの図11）を思い出すと、図のように正電荷による電流が旋回して磁力線となっていることが分かります。この2本の磁力線が接近してくるとどうなるでしょうか？

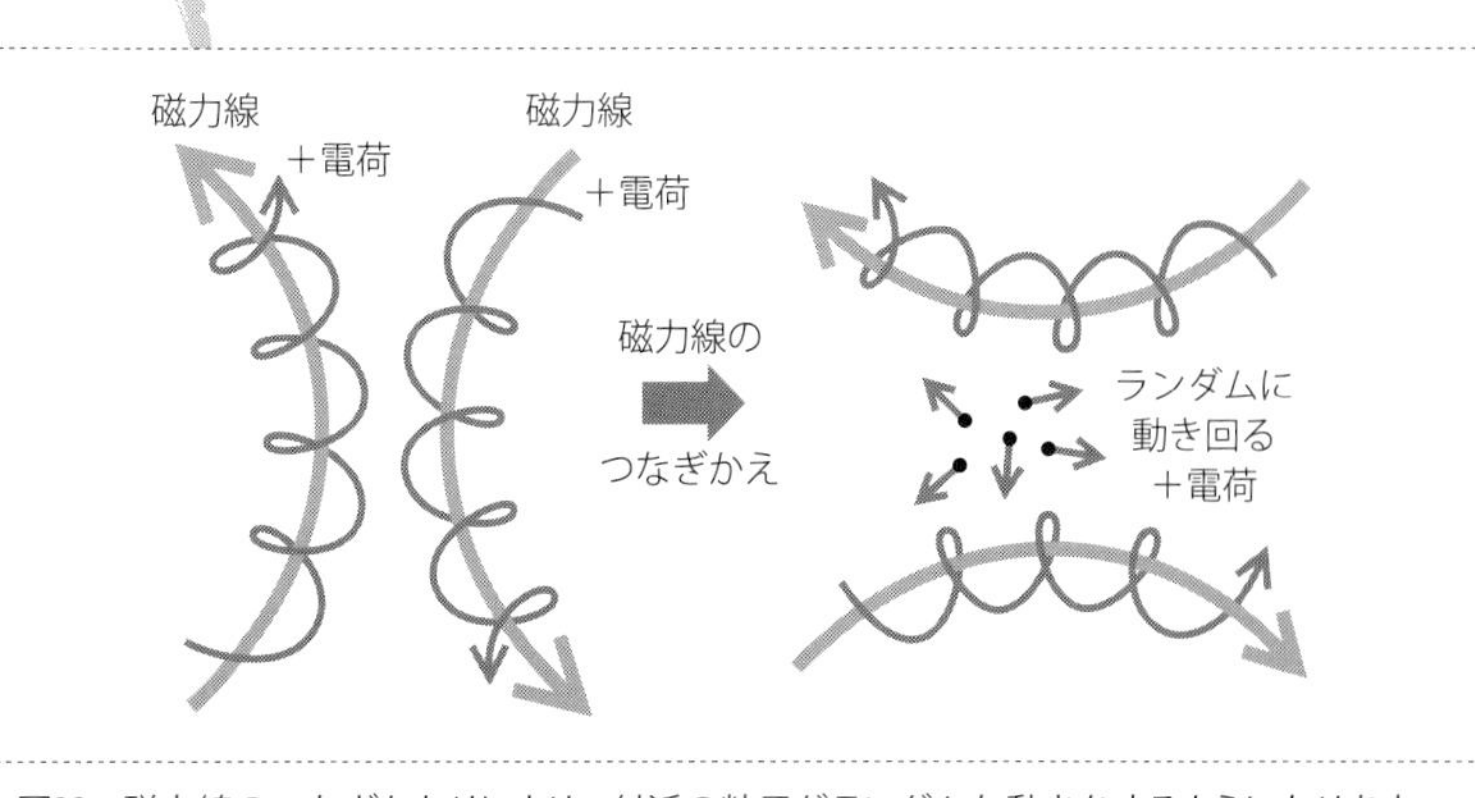

図32　磁力線のつなぎかわりにより、付近の粒子がランダムな動きをするようになります。これはガスが加熱されたのと同じことになります

この場所では、互いに反対方向に旋回する荷電粒子が近づいてくることになります。そうすると、正の電荷どうしの間に働くクーロン力により散乱され（図32）、旋回運動の軌道が乱されることもあるでしょう。旋回運動が乱されると、荷電粒子はランダムな運動をするようになります。現実には正の電荷だけでなく負の電荷も存在し、さらにおもに正電荷として存在するイオンと負電荷の大部分を担う電子の質量も違うので、実際の状況はもっと複雑です。しかしながら、このようにして磁力線のつなぎかえにともなってプラズマ構成粒子のランダムな運動が増加することは、おそらく起きているでしょう。

ところで、ガスの温度とはそもそも何でしょうか？　ガスを構成する粒子はつねに乱雑に動き回っていますが、そのランダム運動のエネルギーがガス温度に対応しています。構成粒子が乱雑に速く運動すればするほど、ガスの温度も高いということになります。私たちが朝起きて部屋の窓を開け外気に触れるときに、「今日は暑いな」とか「今日は寒いな」と感じますが、実は空気を構成する粒子のランダム速度が速いのか、あるいは遅いのかを感じていたのです。

粒子のランダム運動のエネルギーがガスの温度を規定することは、プラズマガスにも当てはまります。磁力線のつなぎかえでプラズマガス粒子のランダムな運動が増加したということは、ガス全体から見るとガスが加熱されたということになります。磁場を作る旋回運動がガスの温度の起源であるランダム運動に変わったということですので、磁場のエネルギーがガスの熱エネルギーに変換されたということができます。

磁場によるガスの加熱の例として、磁力線のつなぎかえを例に説明してきました。他の状況下でも、磁場のエネルギーが減少し、プラズマガス粒子のランダム運動が上昇する場合には、磁場によるガスの加熱が起きるのです。ガス中の流れがさまざまな方向に向く乱流状態になっている場合、ガスの乱れた流れが磁場を巻き込んで磁力線が曲がりくねり、磁場のエネルギーの減少によるガスの加熱が起きやすくなります。より詳細は次章のアルヴェン波を説明する際に触れます。

磁場の増幅

ここまでは、磁場とプラズマガスの凍結の観点から、磁場がプラズマガスに与える影響について説明してきました。一方で逆の効果の、プラズマガスから磁場への影響というのも当然あります。前節では、磁力線が動いた際に凍結したガスが引き連れられて動かされる話をしました。逆の状況としては、ガスが何らかの原因で動いた際には、そこに凍結している磁場の形状が変えられることになります。

次ページの図33のように、プラズマガスの塊Aとプラズマガスの塊Bがあり、その2つのプラズマ塊に同じ磁力線が通っている場合を考えてみましょう。2つのガス塊が静止、あるいはお互いに平行に同じ速度で移動している場合は、磁力線は同じ形を保つことができます。一方、2つのガス塊が違う方向に運動している場合は、図33にあるように磁力線が引きずられて形状を変えていきます。

磁場の強さは磁束密度と言い換えることができます。つまり、ある基準の面積を持つ面を貫く磁力線の本数で決まります。たとえば1平方メートルを基準の面積とすると、その面を貫く磁力線の本数が多ければ多いほど磁場は強くなります。磁力線が混み合っていればいるほど磁場も強いということです。

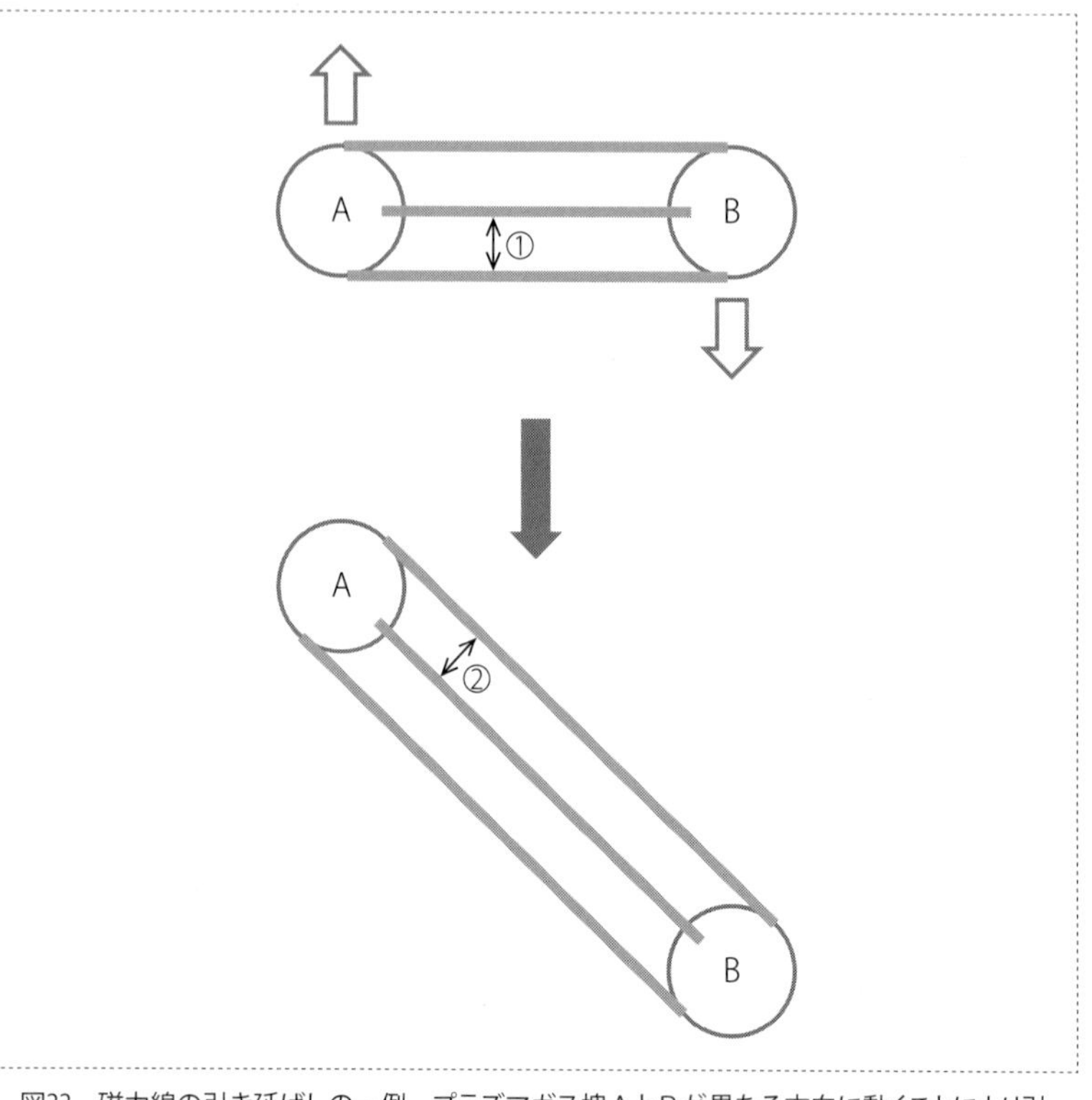

図33　磁力線の引き延ばしの一例。プラズマガス塊ＡとＢが異なる方向に動くことにより引き延ばされます。引き延ばし前と後で磁力線の本数は同じですが、間隔①と②を比べると②の方がせまくなり、磁束密度は大きくなります

図33の2つのガス塊の例で、始めの状態とガス塊がそれぞれ違う方向に動いた後の状態で、磁場の強さはどうなっているでしょうか？　磁力線の本数は変わりませんが、磁力線が斜め方向に引き延ばされた結果、となりどうしの磁力線の間隔はせばまっていることがお分かりでしょうか？　磁力線どうしの距離は、図33のようにお互いの磁力線に垂線を下ろして計測でき、磁力線が斜めに引き延ばされた結果、距離が縮まってしまったのです。

これは見方を変えると、2つのガス塊をつなぐ磁力線の長さ

が延びた結果、磁場自体は強くなったということを意味します。磁力線が引き延ばされることは、磁場が増幅されたのと同じことだということです。プラズマガスがランダムに動き回り、それにつられて磁力線が引き延ばされることにより、磁場が増幅されるということです。

太陽の内部で起きている、ダイナモ（37ページ参照）と呼ばれる磁場の生成もおおざっぱにいうと、このようなランダムなガスの動きによる磁場の引き延ばしにより起きています。内部で生成されたエネルギーを上部（光球）へ運ぶ対流が、ガスのランダムな運動の源です。したがって、中心核領域の核融合反応で発生したエネルギーが、巡り巡って表面対流層の磁場のエネルギーに引き渡されたと考えても良いでしょう。

磁場とプラズマガスの関係

ここまで、磁場がガスに対して与える影響と、ガスが磁場に及ぼす影響について説明してきました。両者はいわば「逆」の効果とも言えます。さて、どのような場合にどちらの効果がより働きやすいでしょうか？

おおざっぱにいうと、ガスに対して磁場のエネルギーが大きい場合は、磁場がガスに与える影響が優勢となり、逆の場合はガスによる磁場の引き延ばしなどのガスから磁場への影響が大きくなります。大きなエネルギーを持っている方が、もう一方に対してあたかもボスのように振る舞うと考えれば良いでしょう（図34）。

ガスのエネルギーが磁場のエネルギーより大きい場合、一般に磁気圧や磁気張力に比べてガスの圧力が強くなります。その際に磁場の力で周囲のガスを動かそうとしてもガスの圧力に負けてしまい、動かすことは容易ではありません。同様に磁場によるガスの加熱が起きないわけではないものの、そもそも磁場から伝達することができるエネルギーが小さいため、ガスに対して大きな加熱になることは困難です。逆にこの状況下では、ガスの動きにより磁力線を引き延ばすことは比較的簡単でしょう。ガスの運動の結果磁場は増幅することになりますので、ガスのエネルギーが磁場へと流れ、磁場のエネルギーが上昇していくと予想されます。

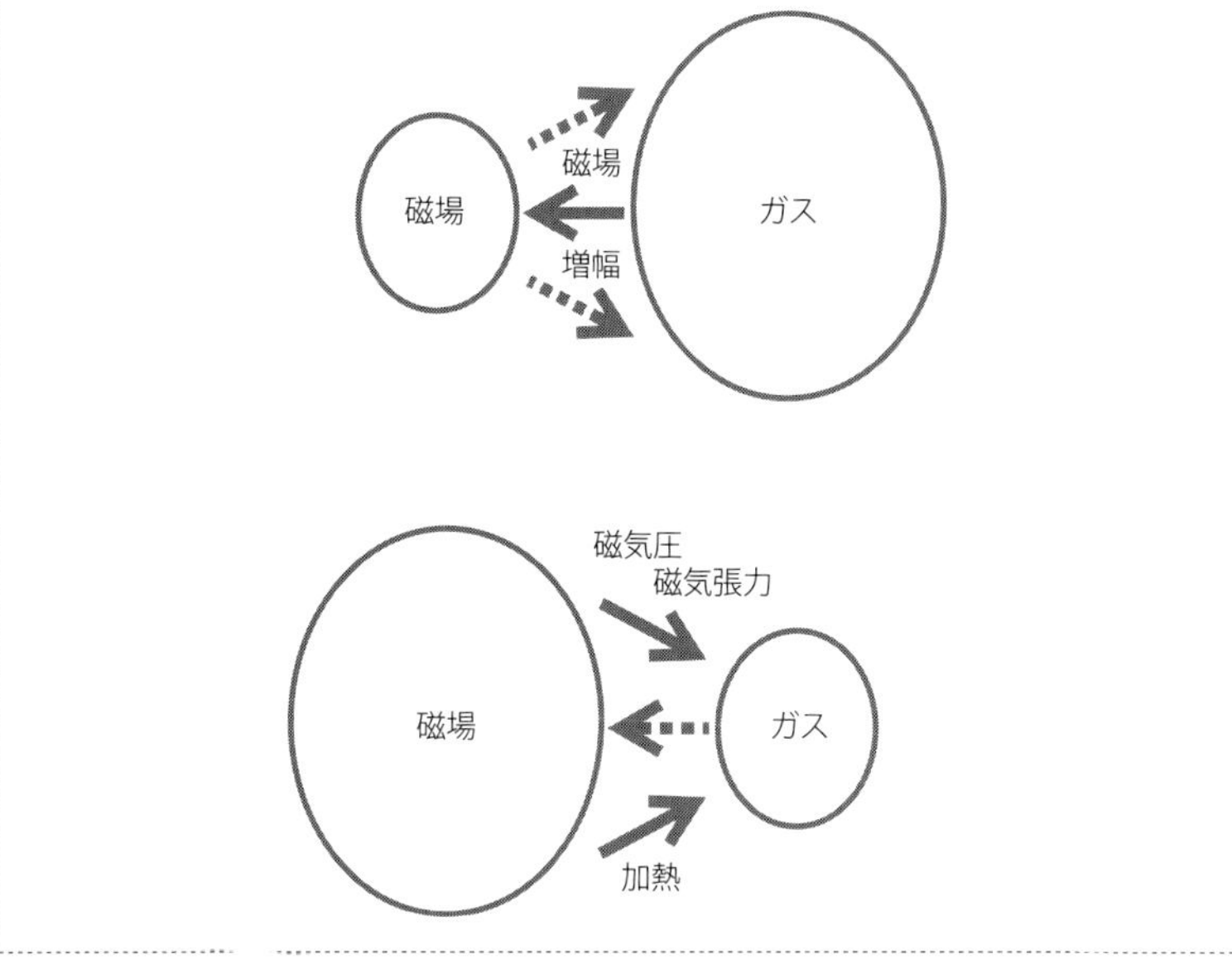

図34　磁場のエネルギーとプラズマガスのエネルギーの大小関係により、どちらがどちらに影響を及ぼすかが異なります

磁場のエネルギーがガスのエネルギーより大きい場合は、ガス圧に比べて磁気圧や磁気張力が大きくなります。そのため磁場による力で、ガスを振り回すことが可能となります。また磁場のエネルギーが少し減少しただけでも、ガスに取っては大きな加熱となり得ます。逆に、ガスの動きにより磁力線を引き延ばそうとしても、磁気張力や磁気圧で対抗されてしまい容易にはいかないでしょう。磁場による力でガスを動かすため、エネルギーは磁場からガスへと流れることになります。

まとめると、磁場とプラズマガスのうちエネルギーの大きなものが小さいものへ影響を及ぼし、エネルギーも移動します。その結果、当初のエネルギーが小さい方のエネルギーは上昇していきます。どこまで上昇するかには謎が多いものの、通常は大きい方のエネルギーを超えることはありません。もっとも上昇した場合でも、磁場とガスの両者のエネルギーが同程度になるまでと考えられています。

実は太陽では、プラズマガスが磁場よりもエネルギーを多く保持している領域と、磁場のエネルギーがプラズマガスのエネルギーを大きく凌駕する領域の両方があります。そして両者間でのエネルギーのやり取りをうまく行うことにより、上層大気でのコロナの加熱と太陽風の駆動が達成されています。これらについて次章以降で詳しく見ていきたいと思います。

3章

コロナの加熱・太陽風の加速

前章では、プラズマガスにおける磁場の役割を、特にガスと磁場との間のエネルギーや力のやり取りをとおして見てきました。本章ではこれまで学んだことをもとに実際の太陽に適用し、大気外層での最終的なコロナの加熱と太陽風の駆動について紹介していきます。

これまでのまとめも兼ねて、エネルギーの流れの観点から見ていきましょう（図35）。エネルギーのおおもとは中心核での核融合反応の結果生成される光子です。この光子のエネルギーが外側に伝わっていき、表面に近い領域では光子だけでは十分にエネルギーを伝えることができないためプラズマガスが動き出し、対流運動を起こしエネルギーを伝えます。

この過程でガスの運動による磁場の引き延ばし効果により、磁場が増幅されます。エネルギーの観点から説明すると、対流の運動エネルギーの一部が磁場エネルギーに変換されたということになります。

対流により太陽表面に運ばれたエネルギーの大半は、結局のところ電磁波つまり光子によって惑星間空間へと放出されますが、一部が高温のコロナを加熱し、プラズマガスである太陽風を吹き出させるためのエネルギーにも使われます。この際にも磁場が一役買っていて、この部分をこれから詳しく説明していきます。

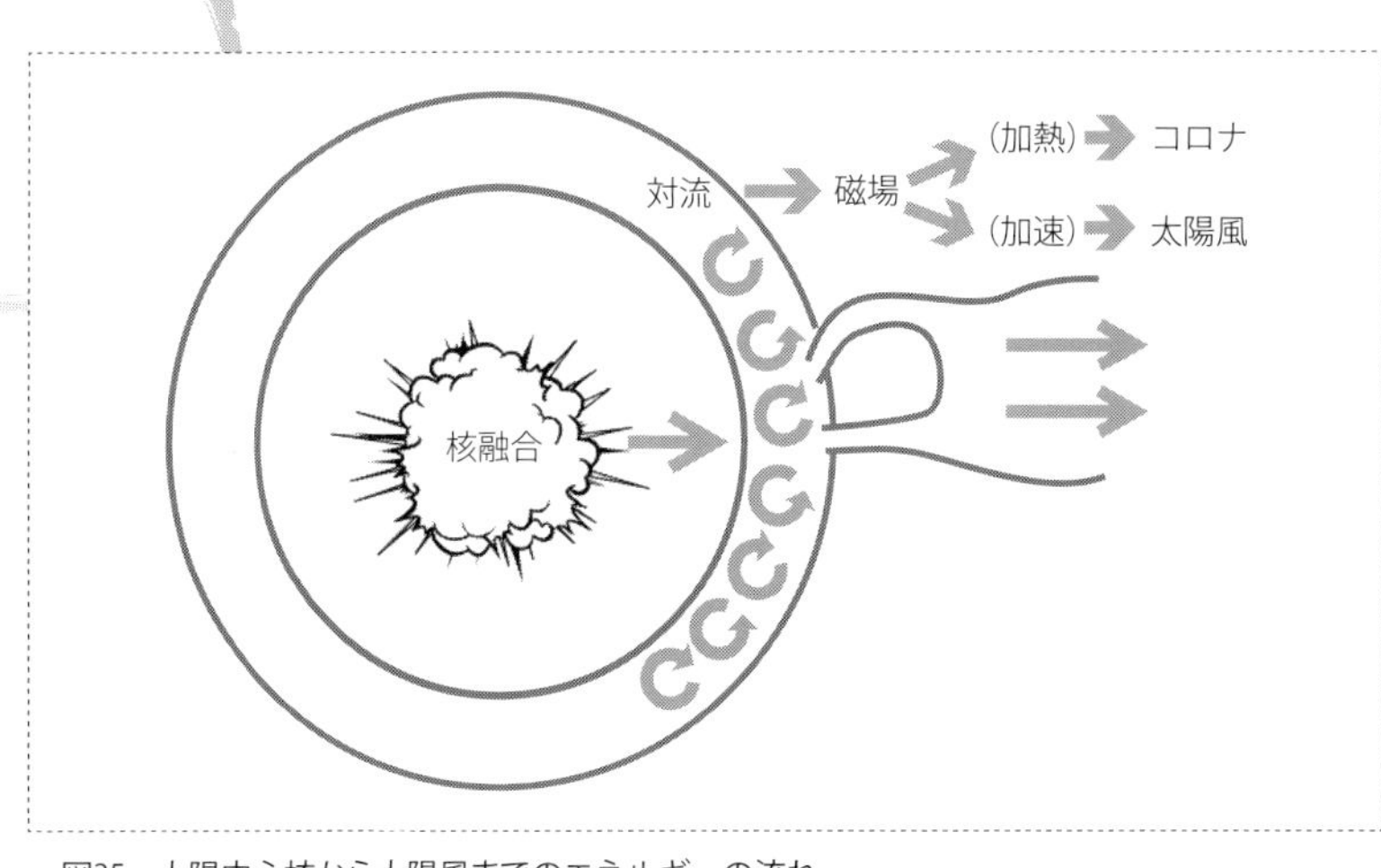

図35　太陽中心核から太陽風までのエネルギーの流れ

前章の最後で、磁場とプラズマガスの相互作用について説明しました。その際に、磁場のエネルギーとプラズマガスのエネルギーの大小関係により、状況が大きく異なることを説明しました。表面対流層は、磁場のエネルギーに比べてプラズマガスのエネルギーが大きく上回っている状況になっています。そのためここでは、ガスが磁場を支配する状況になっており、ガスの運動により磁場はされるがまま引き延ばされて増幅されるのです。

ガスの対流運動により磁場は増幅されますが、どの程度まで強められるのでしょうか？　対流層奥深くまでを見通すのは困難なので、対流層全体でどうなっているのかを観測から決定することはできません。しかし、対流層の上側の境界より少し上に位置する光球では、磁場の強さを表す磁束密度を測定することができます（たとえば前章で紹介した図18（38ページ））。

太陽には黒点（コラム参照）と呼ばれる周囲より温度が少し低い領域があります。ここでは磁場が強くなっていて、磁場のエネルギーは対流の運動エネルギーと同程度ぐらいにまでなっています。しかし、太陽の全面に対して黒点のような強磁場領域が占める面積は小さいので、全表面で平均した磁場のエネルギーは、ガスの運動のエネルギーの約0・001-0・1%程度になります。つまり表面対流層から光球にかけては、ガスのエネルギーが磁場のエネルギーを上回り、ガスが「大きな顔」をしている領域なのです。

しかし大気上層部に行くと状況は逆転します。コロナ領域（「はじめに」iv-vページ参照）では磁場のエネルギーがガスのエネルギーの100倍程度になり。磁場が「大きな顔」をするようになります。その結果、磁場による力でガスが動かされたり、磁場からのエネルギーが伝わってくることでガスが加熱されたりするようになります。以下ではこうした大気の状況を、磁場とガスのエネルギーの大小関係や両者間のエネルギーのやり取りという点から見ていきます。

大気での磁場とガス

皆さんにとって身近な、地球大気の例から始めましょう。前章の磁気圧の説明の際に地球大気圧についてふれましたが、大気圧は地表付近から高度が上がるとともに減少していきます。ではなぜ大気圧は高度とともに減少するのでしょうか？　この答えとして「大気圧はその場所より上空にある空気の量により決まり、上空に行けば行くほどその場所より上にある空気量が減るので、大気圧自体も上空にいくほど小さい」と解説されることが多いでしょう。この解説自体は間違いではないものの、これに対してさらに質問したくなります。「地球の重力があるので、空気もその重力に引かれて、地表に落ちてきても良さそうなものなのに、なぜそうなっていないのか?」。さてなぜでしょうか?

この問いには、次ページの図36のような状況を考えてみると答えにたどり着きやすくなります。大気中のある場所に存在する空気の塊を考えてみましょう。この空気塊には地球からの重力が働きます。重力しか働かない状況では、右の問いにあるとおり、この空気塊は落下するはずです。しかし実際には、この空気塊には周囲の空気からの圧力が働きます。この圧力はその場所での大気圧に等しいものになります。大気圧は下の方が大きく、上に行くほど小さくなります。そのため、空気塊に働く下からの圧力は上からの圧力より大きくなります。この圧力差が、空気

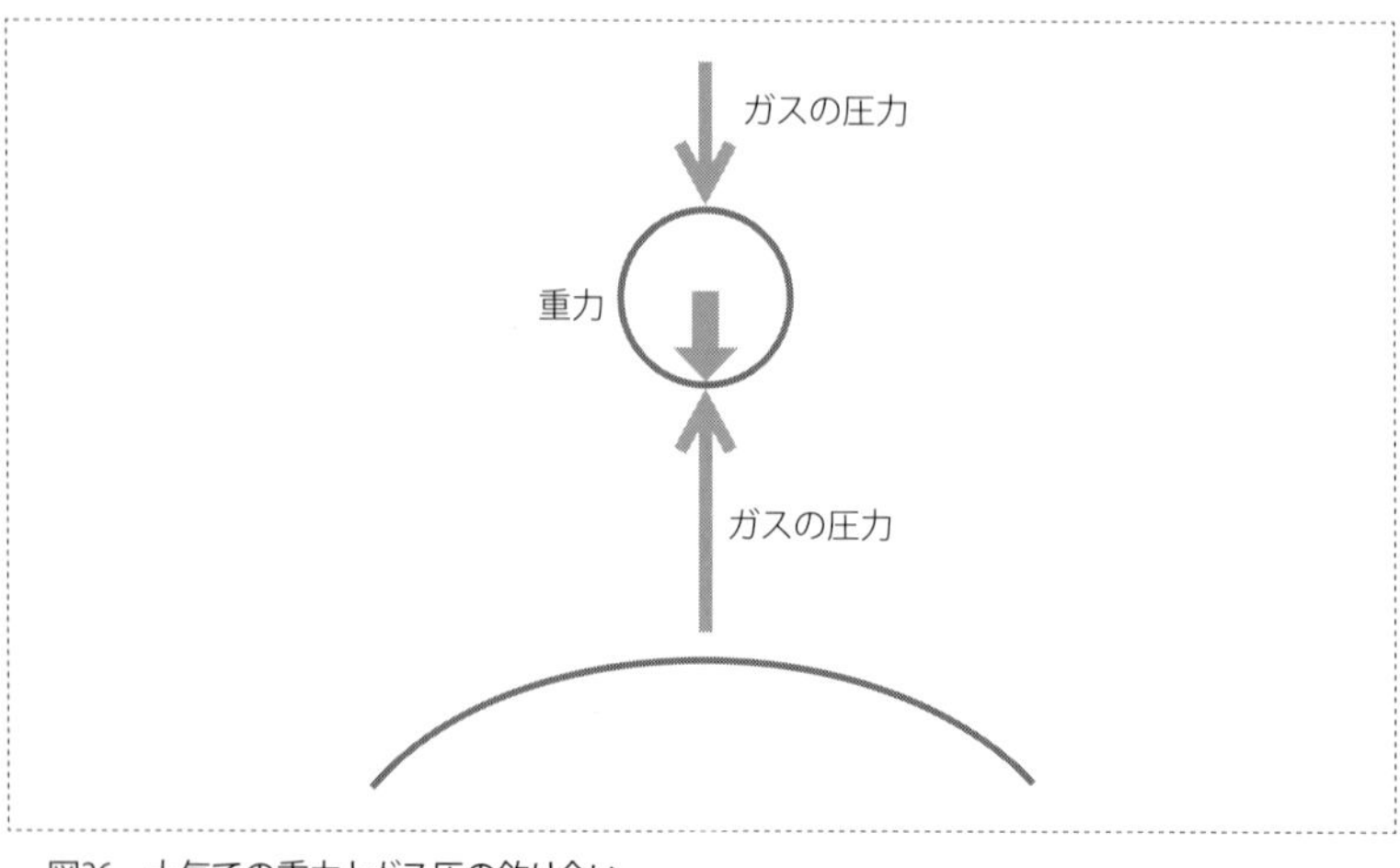

図36　大気での重力とガス圧の釣り合い

塊に働く重力と釣り合い、空気塊は落下せずにその場所に留まることができます。

地球からの重力を支えるように大気圧が上空に向かって減少し、大気は力の釣り合いを保っていると理解することができます。ある場所、ある瞬間を見ると、低気圧や高気圧が通過し、下降気流あるいは上昇気流が起きていることもあるでしょうが、一定期間で平均すると地表付近は1気圧で富士山頂の高度では約3分の2気圧という状況は変わりません。このような、重力とガスの圧力で釣り合っているような状況を静水圧平衡状態と呼びます。

太陽大気においても、太陽風が吹き出す場所よりも下の領域では、一定期間以上の平均を取るとおおよそ静水圧平衡が成立しています。これはすなわち、光球から彩層、そしてコロナと上空にいくにしたがい、プラズマガスの圧力が下降していくということを意味します。このガスの圧力の減少は、おもにガスの密度の減少が原因です。太陽においても地球と同じく、上空にいけばいくほどガスが「薄く」なっているということです。

ガスと磁場のエネルギーの比較をしましょう。ここでエネルギー密度という概念を導入します。「密度」という語句から連想されるように、これはある体積に含まれるエネルギーの量を表しています。このエネルギー密度の大小関係で、前章の最後で述べた磁場とガスの関係も規定されることになります。

プラズマガスのエネルギー密度は、ガスの密度そのものに比例します。熱エネルギーの場合はガス密度に加えて温度が、運動エネルギーの場合は流れの速度にも依存しますが、ガス密度が小さいとガスのエネルギー密度自体も小さくなることは共通です。

つまりガスの密度が上空にいくとともに減少するということは、ガスのエネルギー密度自体も減少することを意味しています。具体的には、光球からコロナまで上昇するとガスのエネルギー密度は10の7乗(1千万)分の1程度にまで低下します。

一方、磁場も光球から上空に行くにしたがいその強度は低下します。前章で紹介した図18(38ページ)を見ると、光球からはループ状の閉じた磁場と開いた磁場の両方が密集して上空へと伸びていますが、閉じたループ状の磁場はある高度にまでしか到達しません。そのため、低空では閉じた磁場領域と開いた磁場領域の両方のエネルギーが寄与していたのに対し、上空では閉じた磁場領域のエネルギーの寄与がなくなるので、磁場のエネルギー自体も上空にいくに従い低下します。

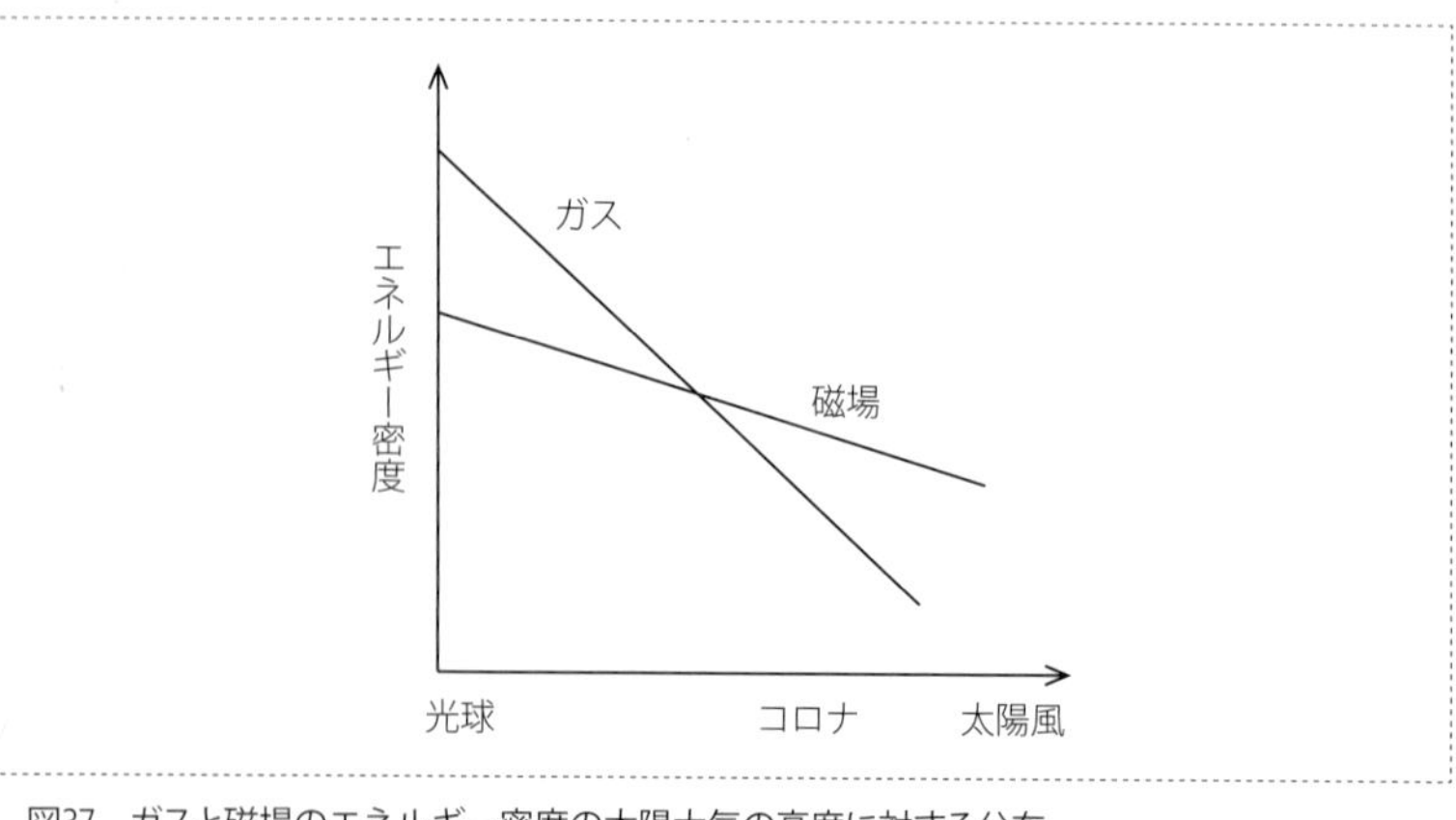

図37　ガスと磁場のエネルギー密度の太陽大気の高度に対する分布

コロナ領域での磁束密度は直接測定できていないので、光球とコロナでどの程度磁場のエネルギー密度が異なるのかは、現状では確実なことが言えません。ただし、図18のように光球の磁束密度の観測から上空での磁力線の状況を理論的に計算することは可能です。そのようにして見積もられた結果を踏まえると、光球からコロナ領域に行くにしたがい磁場のエネルギー密度は減少するものの、ガスに見られたように10の7乗分の1という大きな減少にはなっていません。大雑把には、10分の1から1000分の1程度の低下に留まっているという傾向があります。

光球では、磁場と比較してガスが莫大なエネルギー密度を有していたのですが、磁場のエネルギーの低下の度合いの方が緩やかなため、コロナ領域ではこの状況が逆転します（図37参照）。コロナでの磁場のエネルギー密度は、ガスに比べて10-1000倍程度にもなります。磁場のエネルギー密度自体も光球に比べて小さくなっているので、ガスのエネルギー密度の減少がどれほど大きいかがお分かりいただけるでしょう。

光球からコロナへいくあいだに磁場とプラズマガスのエネル

ギー密度が逆転するのは、おもにガス密度の急激な低下がその要因です。これはこの章の冒頭で説明したように太陽大気のガスが静水圧平衡状態で分布していることの結果です。プラズマガスの圧力が太陽の重力に対抗するために、表面から上空へとガス密度が低下するので、その太陽の重力の影響が巡り巡って、上空のコロナで磁場のエネルギーがガスのエネルギーを凌駕するようになったということができます。

磁場のエネルギーがプラズマガスのエネルギーを上回る場合、磁場によってガスを加熱したり、磁気圧や張力でガスを振り回したりすることができます。これはコロナの加熱や太陽風の駆動に最終的にはつながりますが、具体的にどのようにそれらが達成されているのかをもう少し突っ込んで説明していきましょう。

Column

恒星のコロナ

1章で紹介したように、太陽が輝くおおもとは、水素からヘリウムを合成する核融合反応です。このような水素の核融合により輝く恒星を主系列星と呼びます。恒星はその寿命の大半（9割程度）を主系列段階として過ごすので、現在輝いている恒星の大半は主系列星です。主系列星の特徴の1つとして、質量の違いにより内部の構造が異なることが挙げられます。太陽質量1－1.5倍よりも質量が小さな主系列星では、太陽と同じく表面に対流層が発達しています。それより大きな質量の主系列星では対流は表面ではなく中心核とその周囲で起きています。

太陽と同じ型に分類される「表面対流層を持つ主系列星」を観測すると、そのほぼすべてからX線が放射されていることが分かっています。太陽と同じようにこれらの恒星も温度が100万度を超えるコロナを保持し、X線はこの恒星コロナから来ているものだと考えられています。つまり小質量の主系列星では、光球よりかなり温度が高いコロナがつねに存在しているということです。太陽コロナの研究は、このような恒星コロナの加熱のメカニズムの理解にもつながります。

さらに恒星のX線観測からは、恒星コロナの物理状況が星ごとにかなり違っていることも分かってきました。特に若くて太陽と比べて高速に自転する主系列星からは、X線の放射の総量が太陽に比べて1000倍程度に達するものもあります。このような活動的な恒星では、コロナのガスの密度や温度が太陽よりもかなり高くなっています。小質量の主系列星の1つとして見たときの太陽のコロナは、わりあい穏やかなものだと言えそうです（5章（165ページ）に関連項目について述べています）。

コロナ加熱

これまで見てきたように、上空のコロナ領域ではガスのエネルギーに比べ磁場のエネルギーが大きいので、磁場のエネルギーが少し減少しガスの熱エネルギーに変化するだけで、ガスにとっては莫大な加熱につながります。つまり磁場のエネルギーがほんの少し減少しただけでも、ガスが非常に高温に加熱されるのです。繰り返しになりますが、コロナのガスの密度が、より下層の光球や彩層に比べて圧倒的に小さいということが、重要な鍵となっています。

もう少し直観的に理解するために、ガスの密度が大きい場合と小さい場合の加熱の比較を次ページの図38の例で考えてみましょう。箱Aには10粒のガス粒子を、箱Bには100粒のガス粒子を入れ、それぞれの箱に同じ量のエネルギーを与えます。それぞれの箱のガスの粒子は、等分にエネルギーを得るとすると、1粒当たり得るエネルギーは粒子の数が少なかった箱Aの方が10倍になります。

この1粒当たりに得るエネルギーは、ガスの温度がどれだけ上昇するかに対応しています。箱Aと箱Bの容積が同じだとすると、箱Aの中のガスの方が密度が低いということになります。箱Aと箱Bで総量で得るエネルギーは同じですが、密度が小さい箱A内のガスの方が、温度の上昇が大きいということになります。

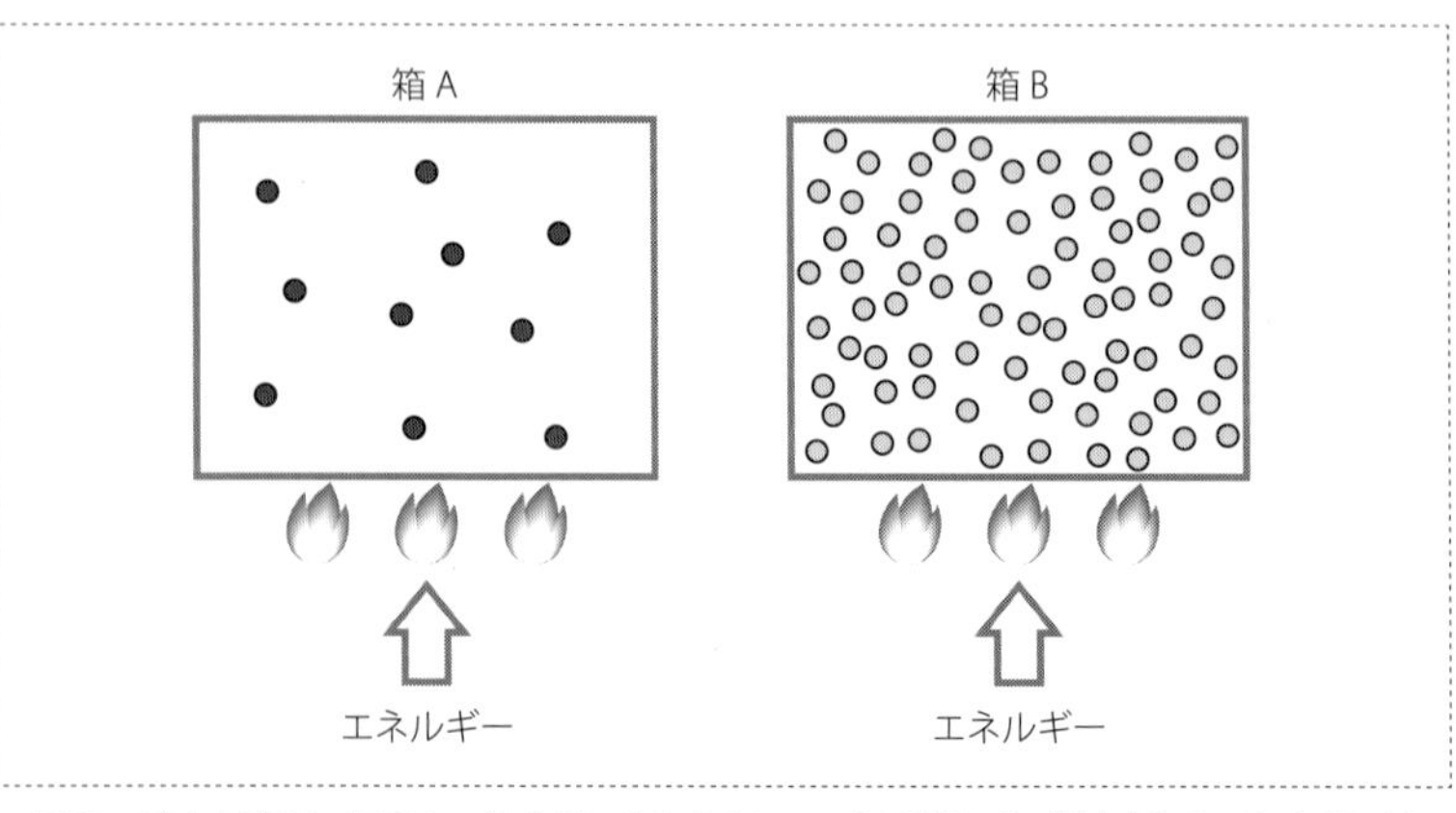

図38　箱Aと箱Bに等量のエネルギーを与えると、１粒子当たりに供給されるエネルギーは粒子数の少ない箱Aが大きい

「はじめに」のⅳページのように、太陽大気では下から光球、彩層、コロナ、そして太陽風と複数の層から構成されています。彩層の上部とコロナの底部は温度が急激に上昇する遷移層を介して隣り合っていますが、コロナの密度は彩層に比べておおそ100倍程度小さいため、両者に同量のエネルギーを与えたとすると、上で述べたようにコロナの方が彩層に比べて100倍温度が上昇しやすいということになります。

実際の太陽大気で詳細な見積りを行うと、彩層領域全体へ与えられるエネルギーの総量はコロナ全体に比べ約10倍大きいと計算されます。それにも関わらず彩層の温度は数千－1万度しかありません。それに比べて、コロナの温度は100万度以上となっています。低密度なコロナは供給されるエネルギーの総量が小さくても、ガス粒子1個当たりに分配されるエネルギーは大きいため、加熱されやすいということです。

さらにこの効果に加えて、彩層ではエネルギーが光子により持ち去られガスが冷える放射冷却がおきやすいという状況もあります。彩層はコロナと比較すると、高密度のため各粒子に分

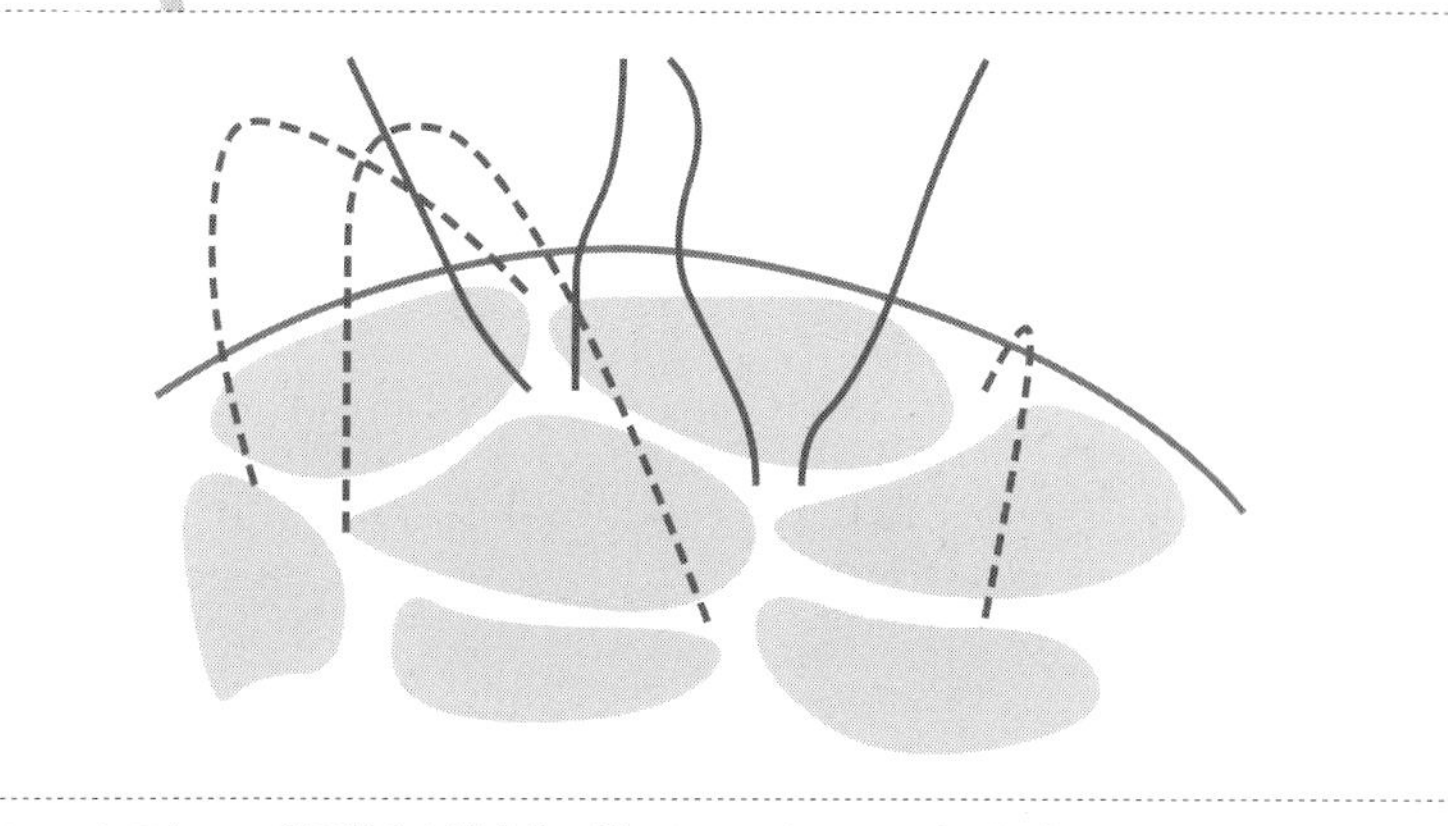

図39　太陽表面の磁場構造を模式的に描いた図です。ループや伸びている線は磁力線を示しており、破線が閉じた構造のもの、実線が惑星間空間へと開いた構造に対応しています。太陽表面の灰色の部分は、粒状斑を表しています（図17を参照）

配されるエネルギーが小さく加熱されにくいのに加え、放射で逃げる効果もあって温度が上昇しにくいということです。

低密度のコロナでは、ガスのエネルギーに比べて磁場のエネルギーが大きく、ガスが非常に加熱されやすい状況にあることが、お分かりいただけたと思います。しかしそれだけでは、実際に磁場からエネルギーが伝わることでガスが十分加熱されるかどうかまでは分かりません。極端な話、磁場がまったく変化せずそのままの状態が維持されると、磁場からエネルギーはやってこずガスが加熱されないからです。

ガスが加熱されるためには、磁力線自体の動きが必要となります。前章の磁気圧の説明の際に、磁力線のつなぎかえについて触れました。磁力線のつなぎかえが起きるためには、反対方向を向く磁力線が近づく必要があります。このような状況が行われるために、太陽大気ではどのようなことが起きているのでしょうか？

図39は太陽表面での磁場の状況を模式的に表したものです。表面を埋め尽くす構造（灰色の部分）は、前章の図17で紹介

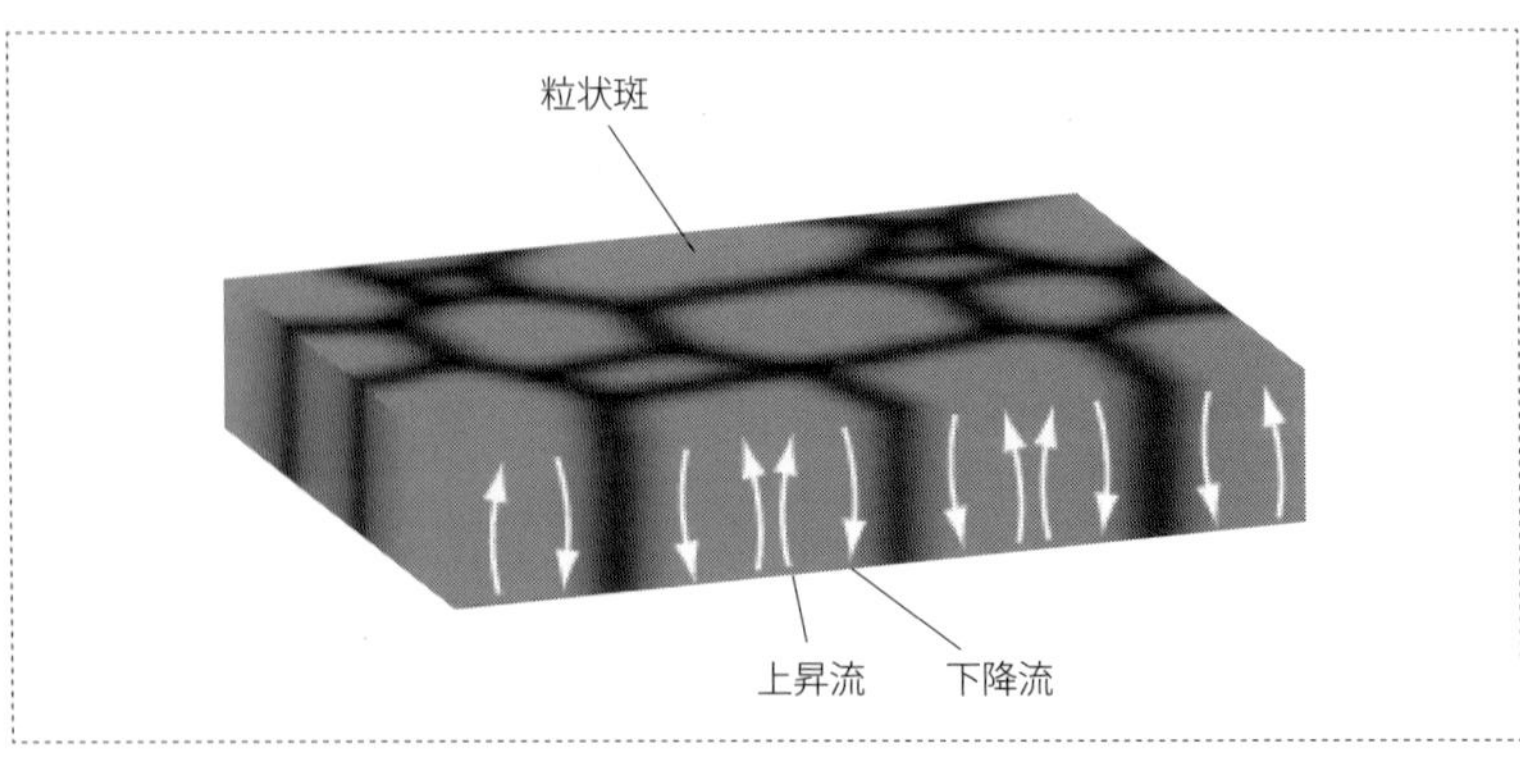

図40　粒状斑を横から見た図（http//lifeng.lamost.org/courses/Hongkong/Hongkong En/lecture/ch11/ch11.ht より転載）

した粒状斑です。粒状斑は表面対流層の上部側の構造です。図39を見ると、磁力線は粒状斑の境目から生えていることが分かります。実はこの領域は対流運動の下降流領域に対応しています。粒状斑の中央部は下から湧き上がってくる部分になっているのですが、それを埋め合わせるようにガスが下降している場所があり、それは粒状斑の境界領域になっています。

図40は対流層の上部を横から見た模式図です。粒状斑は対流セルと呼ばれる、上昇流と下降流からなる構造の上面に対応しています。上昇してきたガスは対流層の表面で横向きに流れを変え、対流セルの側面から下降していきます（図40の下向き矢印）。ガスに凍結している磁力線もこの流れに乗っかって行きます。太陽表面では下降流領域に向かっていく流れがあることになりますので、図41のように下降流領域に磁場が掃き集められて、粒状斑の境界に磁力線が集約されていきます。

粒状斑は対流層の上面に現れる構造ですので、時々刻々と変化しています。これは太陽表面から生える磁力線の足元も、フラフラと振らついていることを示しています。この振らつきは規則的な振動

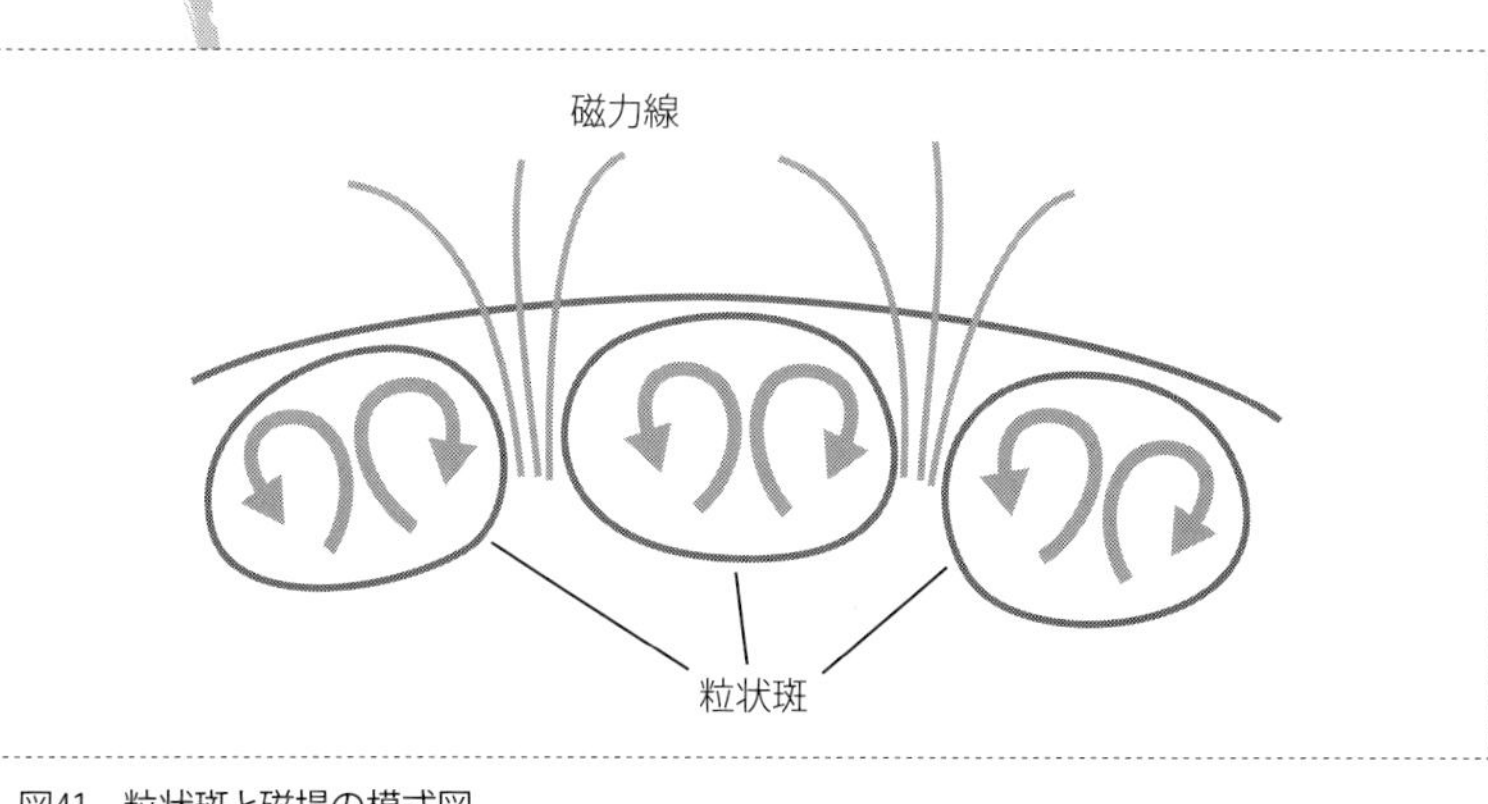

図41　粒状斑と磁場の模式図

というよりは、不規則な場合の方が多いので、今後は「擾乱」と呼びましょう。磁力線の足元が擾乱により揺らされると、その影響は上空の磁力線にも及びます。

前章で磁気張力と、その張力を復元力とする波動であるアルヴェン波について紹介しました。磁力線の足元が揺らされるということは、磁力線が曲げられるということで、磁気張力が発生しそれによるアルヴェン波が上空へと伝わります。このようにして励起されたアルヴェン波は、根元のプラズマガスの対流運動のエネルギーを、上空に伝えることができるのです。このエネルギーが最終的にガスの熱エネルギーに変換されれば、コロナの加熱まで行き着くことができるはずです。

また、磁力線の足元の擾乱は上空の磁場構造を変形させます。このことにより、反対方向を向くおとなりの磁力線と非常に接近するような状況になることもあるでしょう。そして磁力線のつなぎかえが上空で起きれば、結果としてその付近のガスを加熱します。

エネルギーの受け渡しの観点からこの一連の流れを考えると、ガスの対流運動のエネルギーを上空のガスの熱エネルギーに渡したという

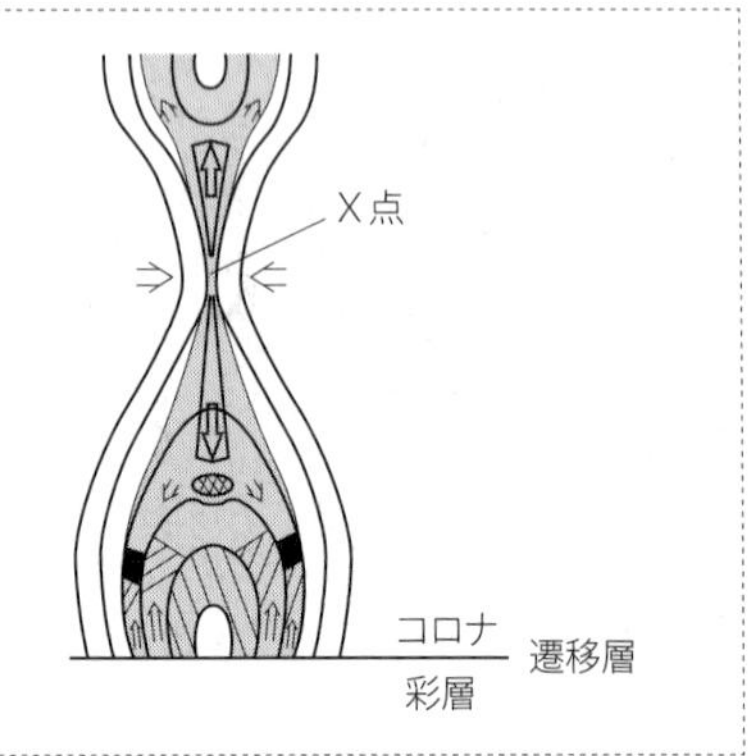

図42　（左）人工衛星「ようこう」により観測された太陽フレアのX線による観測画像（http//hinode.nao.ac.jp/en/intro/science/history.html より転載）。（右）模式図。矢印はガスの流れを示している。図中のX点が磁力線がつなぎ変わった場所で、その下側が左の観測のろうそくの炎のように光っている部分に対応していると考えられている（http//center.stelab.nagoya- u.ac.jp/web1/cawses/2004/sm0008/solar/NAP98.html より転載）

ことになります。この両者をつなぐのが磁力線とその運動であり、まさに磁場はエネルギーのメッセンジャーということができます。

ここで磁場に関する波動と磁力線のつなぎかえについて紹介しましたが、実はこの2つが太陽のコロナ加熱を担う主要な機構と考えられています。以下それぞれをもう少し紹介します。

フレアからナノ・フレア
―磁力線のつなぎかえ

太陽をX線や紫外線などのエネルギーの高い波長の電磁波（光）で観測していると、時折急激な増光が観測されることがあります。この増光の原因の大半は、太陽フレアと呼ばれる太陽表面で起きる爆発現象です。規模の大きなフレアでは、X線や紫外線だけでなく可視光領域での増光が観測されるものもあります。

太陽フレアの起源は永らく謎でしたが、「ようこう」衛星（1991-2001）をはじめとする太陽観測機器による詳細な観測により、磁力線のつなぎかえに端を発する爆発であることが分かってきています。

図42にある太陽フレア発生時のX線画像では、ロウソクの炎のような形が見えます。この炎の頂点を磁力線のつなぎかえ位置とし、そこから荷電粒子が加速されたりガスが加熱されると考えると、この観測結果を辻褄良く説明するので、「磁力線のつなぎかえ説」がフレアの発生機構として確立しました。

太陽フレアでは莫大なエネルギーを解放するので、プラズマガスを非常に高温に加熱することができます。コロナの平均温度は約200万度ですが、フレア領域ではこの平均温度と比較して非常に高温な1000万度を超える温度まで加熱されているガスもあります。

フレアで解放されるエネルギーは非常に大きい一方で、その頻度はあまり高くありません。太陽フレアはその規模の大きさによりクラス分けされており、その一番大きいものはXクラスフレアというカテゴリーに分類されます。約11年の太陽の活動周期の中で、活動が高い時期にはXクラスフレアが1か月で複数回発生することもありますが、活動が低い時期には1か月経っても1回も起きないこともあります。フレア発生直後は周囲のガスが非常に高温になります。一方、発生があまりない時期にも恒常的に200万度のコロナを保持できるかというと疑問が残ります。

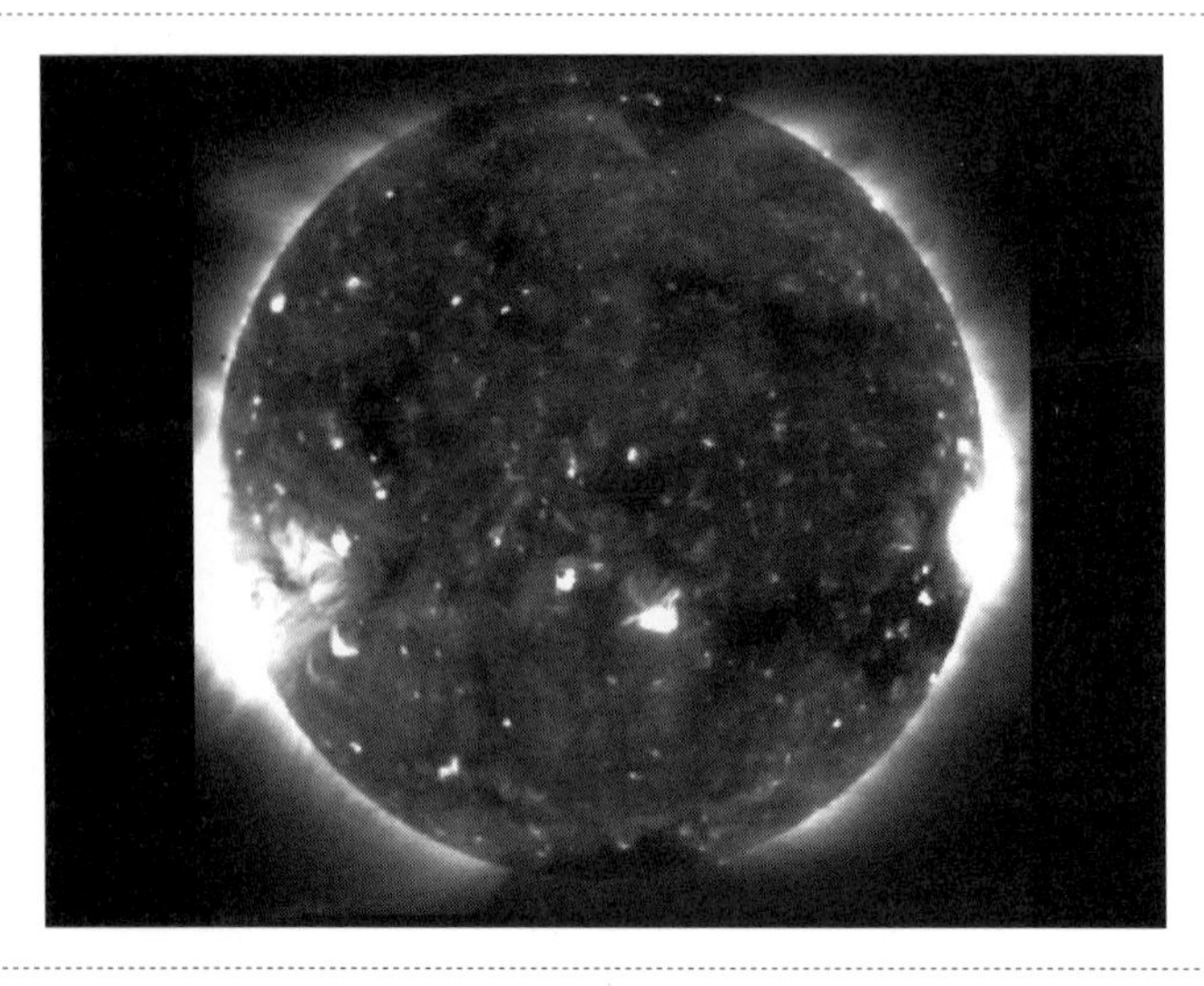

図43　人工衛星「ひので」により観測された太陽の軟Ｘ線による観測画像。Ｘ線輝点と呼ばれる小さな明るい点が多数分布しているのが分かります（http//hinode.nao.ac.jp/news/results/xxrt/ より転載）（国立天文台 /JAXA）

実際にＸクラスフレアだけで恒常的にコロナの温度を維持できるかどうかを計算してみると、かなり足りないという結果が導かれます。では、より規模の小さいフレアまでを考えるとどうでしょうか？　実は、規模が小さいものほどフレアの発生頻度は高くなります。最大規模のフレアよりも１００万分の１から１０００分の１のものをマイクロフレア、１００万分の１より小さいものをナノフレアと呼びます。*

このようなマイクロフレアやナノフレアなどの小さなフレアは、単発では加熱する効果は小さいものの、頻度が高いぶん高温コロナを恒常的に維持するのに役立たないでしょうか？

図43は「ひので」衛星による太陽のＸ線の全面観測画像です。明るい点がいくつも見られますが、これらはＸ線輝点と呼ばれるものです。「ようこう」などの従来の望遠鏡ではこれは「点」として

観測され、「ひので」では細かい構造まで分解して観ることができるようになり、ループ構造などの複雑な形状をしていることが分かってきました。X線輝点はフレアの小規模版であるマイクロフレアと呼んでも良いものだと理解されつつあります。

このような小規模なフレア現象を足し上げて、コロナ加熱に必要なエネルギーになるかどうかも調べられています。現在観測できるものだけを足し上げるだけでは、200万度の高温コロナの恒常的な維持には少し足りないというのが現状です。しかし小規模なナノフレアは、X線輝点のように個別の現象としてすべて見えているわけではありません。観測誤差に埋もれるなどして漏れてしまっているものも多いと考えられています。このような極小なフレア現象が実は多数発生していて、コロナを十分に加熱している可能性も未だ残されているのです。

Column

スーパーフレア

太陽に限らず表面対流層を持つ主系列星は高温のコロナを持つことを、コラム「恒星のコロナ」で紹介しました。このことはフレアについても当てはまり、表面対流層を持つ主系列星では、大気中で

＊マイクロは100万分の1、ナノは10億分の1を表します。

磁場による爆発現象が起きていることが分かっています。太陽フレアでは、規模の大きなものほどその頻度が少なくなっていると説明しました。では少し見方を変えるとこれは、さらに大規模なフレアも、頻度は非常に稀になるものの起きてしまうということでしょうか？

非常に稀にしか起きない現象の頻度を決めるためには、かなり長期間の観測を行うことが必要になります。たとえば100万年に1回しか起きない現象では、まず最初の現象が起きてから次に起きるのが100万年後で、その2回目の観測をしてやっと頻度が決められますので、少なくともこの期間は観測を続ける必要があります。

歴史上もっとも古い太陽フレアの観測は、1859年のキャリントンによる観測だと言われています。このため太陽フレアのみの観測では、2019年現在160年に1度よりも稀にしか起きない大規模フレアの頻度は事実上決めることができません。しかし他の恒星のフレアも合わせて観測すると、より大規模で稀なフレアの頻度を決めることができる可能性があります。たとえば、1個の天体で1万年に1度しか起きない大規模フレアは、1000個の天体で合計すると平均して10年に1度起きているはずです。

京都大学の柴田一成教授らのグループは、ケプラー宇宙望遠鏡を用いて多くの恒星を観測し、このような大規模フレアの探索を行いました。ケプラー望遠鏡の主目的は太陽系外惑星の発見ですが、微小な光度変化を捉えることができるため、フレアによる恒星の光度の変化の観測にも応用できると考えたのです。

これまでの太陽の観測で見つかった最大級の太陽フレアの10倍以上のエネルギーを放出するものは、スーパーフレアと呼ばれます。柴田教授らのグループは、このようなスーパーフレアを多数発見しました。さらにその頻度がどの程度なのかを詳細に解析し、最大級の太陽フレアの100-1000倍のスーパーフレアが、数千年に一度我々の太陽で起きていてもおかしくはないと結論づけました。

これは太陽でスーパーフレアが確実に起きるということではありません。しかし、もし起きた場合は地球全体の電力や通信網に多大なる影響を与えることが予測されています。他の恒星で発見されたスーパーフレアは、より信頼度の高い宇宙天気予報技術の重要性を、私たちに投げかけることとなりました。

磁気流体波動

波動はある地点から別の地点へエネルギーを伝えることができます。太陽表面から伸びる磁力線の足元を揺らすと、上空へ伝わる波が発生し、表面直下にあったガスの対流の運動エネルギーを、上空に持ち上げることができます。実際に磁力線が光球付近から波打って上方へと伝わる波動現象も観測されています。

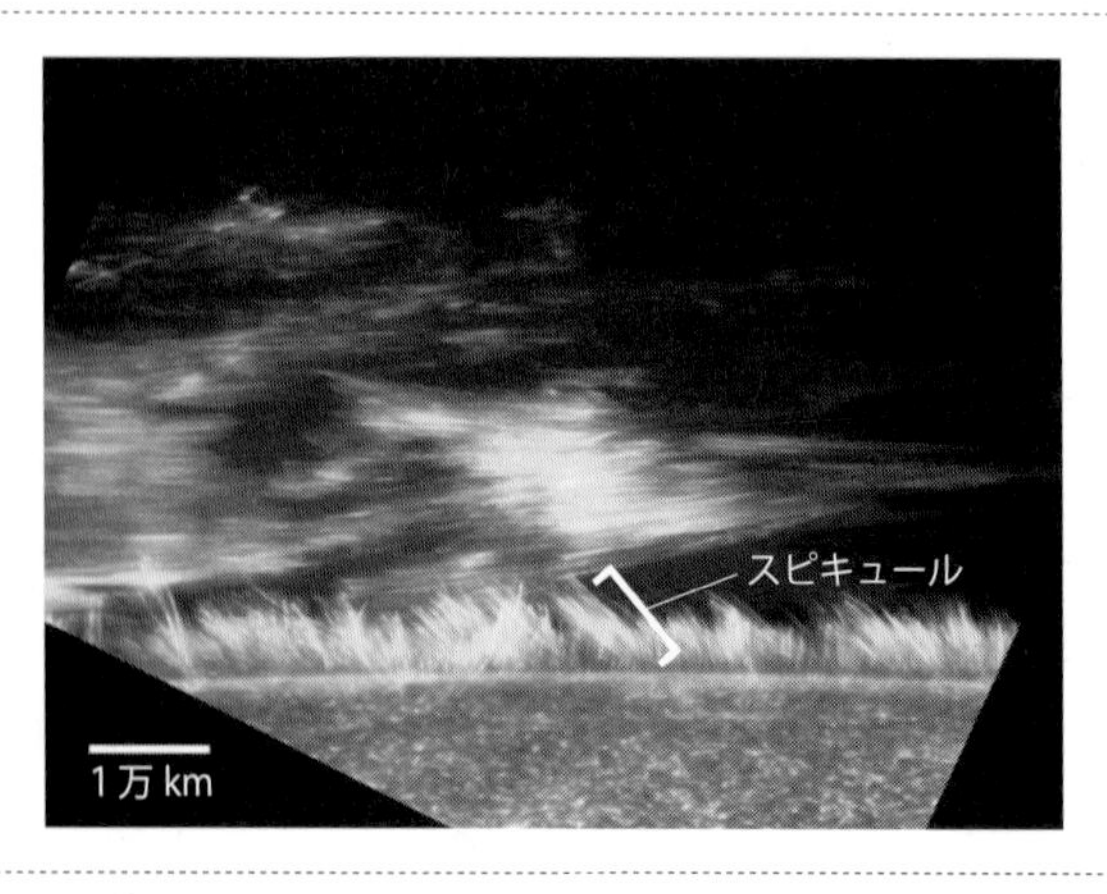

図44　人工衛星「ひので」の可視光望遠鏡で観た彩層。表面から上空へと無数に伸びる線はスピキュールと呼ばれており、それぞれ磁力線の形状をなぞっていると考えられています（国立天文台 /JAXA）

図44は太陽の縁の部分を、「ひので」衛星で観測した画像です。この観測では高温のコロナではなく、それより下層の低温（温度が数千度から1万度程度）の彩層の状況を捉えています。太陽表面から上空に向かって多数の筋が伸びているのが見えます。これらはスピキュール（小さな突起物という意味）と呼ばれており、筋は磁力線の形状をなぞっていると考えられています。磁力線の下部は表面対流層ですので、足元は擾乱運動により揺動しています。空間の細かい構造を調べ、さらにその時間変化まで観測すると、その筋が波打ち上方へと伝搬する波動があることが分かってきました。これらは磁力線を伝わる横波であるアルヴェン波的な波動と解釈できるものです。

最近では、この横波によりどの程度のエネルギーが上空へと運ばれているのかを同定しようとする試みもなされています。奥行き方向の重なりによる観測誤差や、実際にはアルヴェン波以外の種類の波動も混在しているため、伝搬されているエネルギーを誤差なく確定させるまでにはいっていませんが、少なくともコロナを維持するのにそれなりの寄与をする量が運ばれている模様です。

本書ではここまで、太陽大気での波動としてはアルヴェン波を紹介してきました。実は他にも異なる種類の波動が存在しています。アルヴェン波は、波の伝搬方向とプラズマガスの振動方向が垂直である横波です。これと対照的な波動として音波があります。音波は、我々がしゃべるときに発している音そのものです。音波はガス圧が復元力として働き、波の伝搬方向とガスの振動方向が平行となり、縦波と呼ばれます。

音波はガスの振動に加えて、太陽大気の密度の濃淡を伴います。密度の濃淡は、放射強度の濃淡にそのまま反映されます。純粋なアルヴェン波はこのような放射強度の濃淡を伴わないので、非常に観測するのが難しいものの、音波は観測で見つけやすいという特徴があります。このような状況のため、歴史的には音波の方がアルヴェン波より古くから観測されていました。

表面対流層のランダムな運動により、太陽大気中には音波が発生します。アルヴェン波との大きな違いとして、音波はあまり遠くまでは到達できないという性質があります。特に上方に伝わる音波は、コロナに到達する前に減衰してしまい、周囲の彩層のガスの加熱には効くものの、コロナの加熱にはあまり寄与できないだろうというのが現状の理解となっています。

横波であるアルヴェン波と縦波である音波を紹介してきましたが、実際には両者が混じった波動も存在しており、一般的にこれらをすべて含めて磁気流体波動と呼んでいます。実際の太

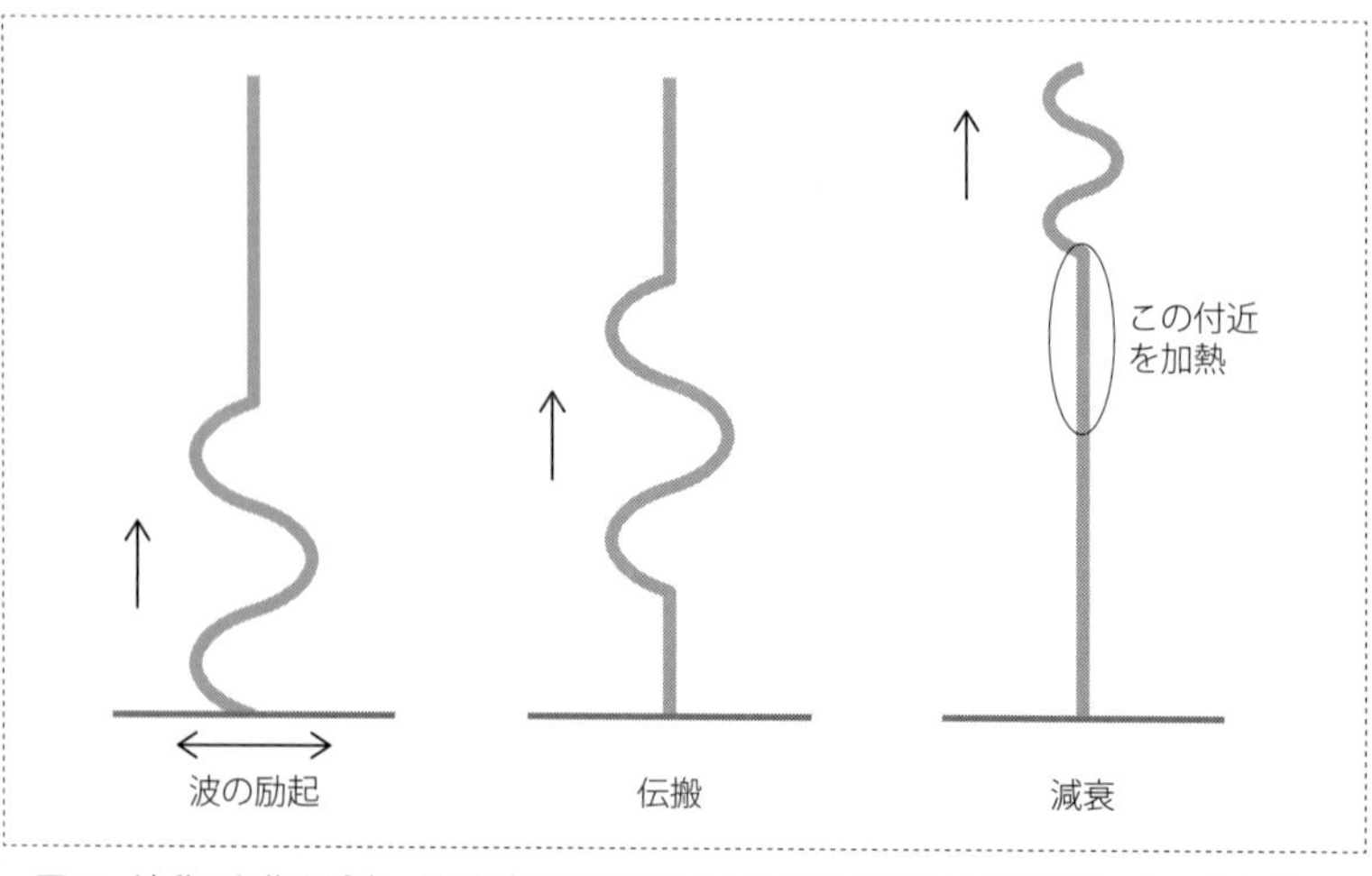

図45　波動の伝搬と減衰。波動が伝搬することによりある場所から別の場所へとエネルギーを伝えることができます。さらに波動が減衰すると、運んできたエネルギーをガスへと受け渡し、ガスを加熱することができます

陽大気では、純粋な横波や縦波というのはおそらく存在せず、横波と縦波の成分が混じり合った状態となっていて、そのうちの横波に近い成分がより上空にまで伝わり、コロナへエネルギーを渡しているのだろうと考えられています。

コロナを加熱するためには、波動がコロナへとエネルギーを運ぶだけでは十分ではありません。運んだ上でそのまま素通りし、さらに上層へと伝搬してしまうと、ガスを加熱せずに終わってしまいます。プラズマガスを加熱するためには、伝搬してきた波動が減衰し、波のエネルギーを周囲のガスのエネルギーへと変換することが必要なのです（図45）。

上空へ伝搬した波動が、コロナでどの程度減衰しているのかを観測から決定するのは、非常に困難な作業となります。コロナは密度が薄いため、十分な量の光子を観測するためには、長時間の撮影（露光）が必要だからです。長時間の撮影をし観測すると、小刻みに振動を繰り返す

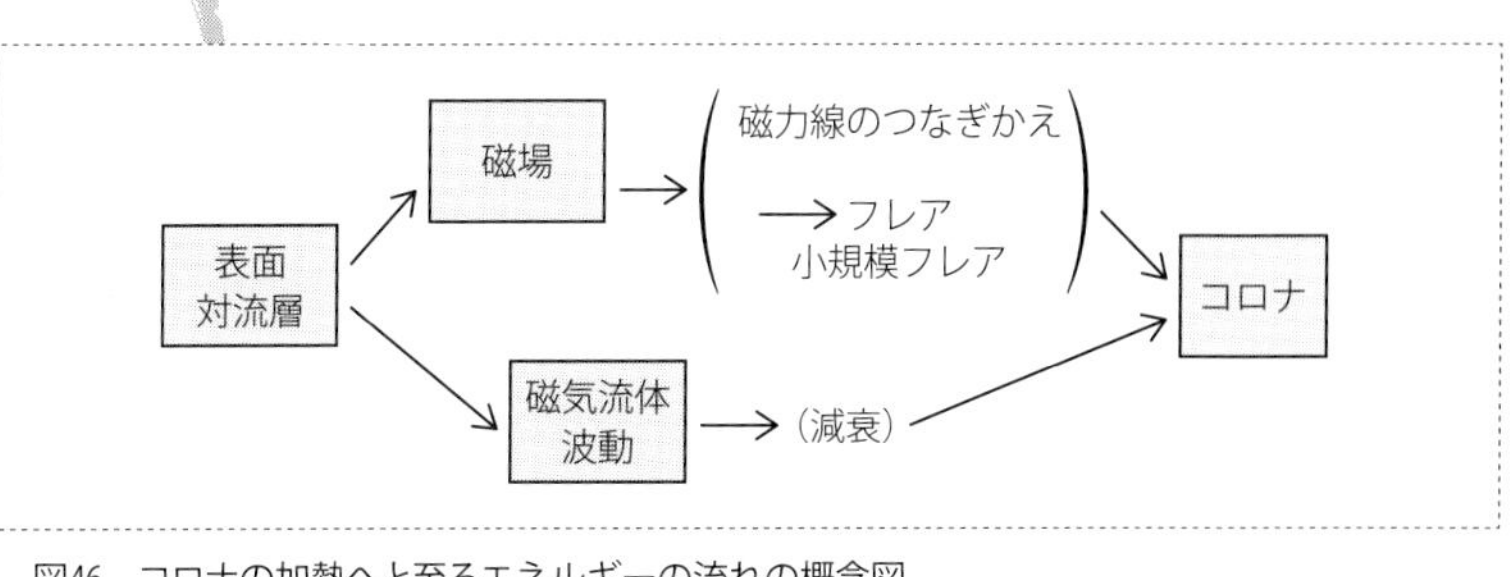

図46　コロナの加熱へと至るエネルギーの流れの概念図

波動現象はなまされてしまい、捉えることはできません。しかし時間平均した挙動であれば何とか知ることができます。

最新の観測によると、アルヴェン波的な波動がコロナまで到達した後、しばらくしてから減衰を開始するという結果が得られています。しかしながら、波動がどのように減衰しているのかを太陽大気の観測から特定することは、現状ではできていません。詳細な観測に加え、理論的考察や数値シミュレーションによる模擬観測結果との比較が有用な手段となります。これらについては、次章「計算機の中の太陽」で詳しく述べます。

コロナ加熱――まとめ

太陽コロナを加熱する機構は、磁力線のつなぎかえによるフレアや小規模フレア現象と磁気流体波動の減衰という2つに、おおまかに分けられることを見てきました。いずれもおおもとのエネルギー源は、光球の下にある表面対流層にあります。対流によりガスが動き回るエネルギーが、磁場を介して上空へと持ち上げられ、最終的にガスを加熱するというものです（図46）。磁場自体が表面対流層で増幅されるので、太陽のコロナの加熱には、この対流が非常に重要であることが分かります。

フレアや小フレアと磁気流体波動は、どちらか片方のみがコロナを加熱し、もう片方は重要でないというわけでなく、おそらく両者が協力してコロナを加熱しているのだと考えられます。しかし現状では、太陽大気の全体でどちらがどの程度寄与しているのかはまだ分かっておらず、研究が進められています。

太陽風駆動での磁場

コロナからさらに上空に移動して、太陽風の駆動の状況を見ていきましょう。1章で太陽風の駆動の大枠は、パーカーのガス圧駆動機構であると説明しました（12ページ参照）。高温コロナのガス圧が大きいため、太陽の重力と周囲の星間物質の圧力では押さえ込めず、コロナが太陽風として流出してしまうというものです。なぜコロナが高温に加熱されるのかが分かれば、太陽風の駆動の大枠も説明できることになります。

しかし同時に、ガス圧だけでは説明できない観測事実があることも述べました。コロナの中では相対的に温度が低いコロナホールから、より高速の太陽風が駆動されており、これがガス圧駆動だけでは説明できないというものです。

ここから分かることとして、高速太陽風には磁場が重要な役割を担っているということです。するとどのような形で磁場は寄与するのでしょうか？　ここでは磁場の役割を2つに分けて考えていきたいと思います。

1つめは、太陽風の流れのガイドとしての磁場の役割です。次ページの図47は「ひので」により観測された、コロナホールの光球での磁場の強さを表す磁束密度と、そこから伸びる磁力線の状況を描いたものです。太陽表面には強い磁場の領域が局在化しつつ複数存在し、そこか

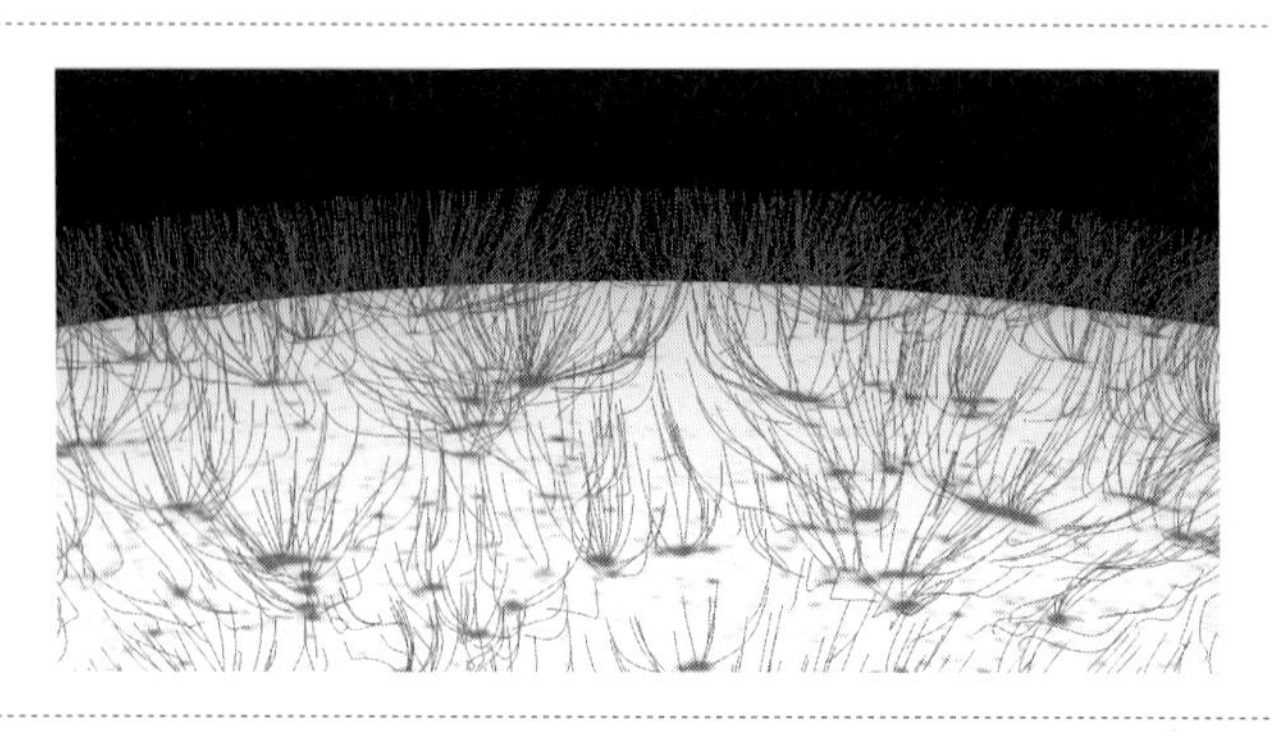

図47　人工衛星「ひので」による太陽表面で観測された磁場と、そこから伸びる磁力線の様子。基本的には図18と同じ方法で作成されたものですが、観測領域と時期が異なっており、この画像では上方に伸びる開いた磁束管のみが描かれています（Shiota *et al.*, 2012より転載）

ら上空に向かってラッパやワイングラスのような形状で磁力線が伸びていることが分かります。それぞれの強磁場領域から伸びる磁力線は、あたかも管を構成するように見えることから、磁束管と呼ばれます。

太陽風もプラズマガスから構成され、磁場とガスは凍結していますので、ガスは磁力線に沿った方向にのみ自由に動けます。太陽風プラズマは、上空に向かってラッパ状に急激に開く磁束管の中を、流出していくことになります。磁束管が太陽風の流れのガイドとなるということです。

この図47には複数の磁束管が見られますが、それぞれ形状が異なっています。あるものは下部から急激に開いているものの、緩やかな開き具合のものもあります。このような磁束管の形状の違いは、太陽風にどのような影響を与えるのでしょうか？

図48には、異なる形状を持つ2本の磁束管を比較しています。この2本の磁束管の下から同じようにガスを押し出す場合を考えましょう。ところてんの筒が直方体ではなく、ラッパ形状の場合と思ってもらえれば良いでしょう。この2本の磁束管で、上から

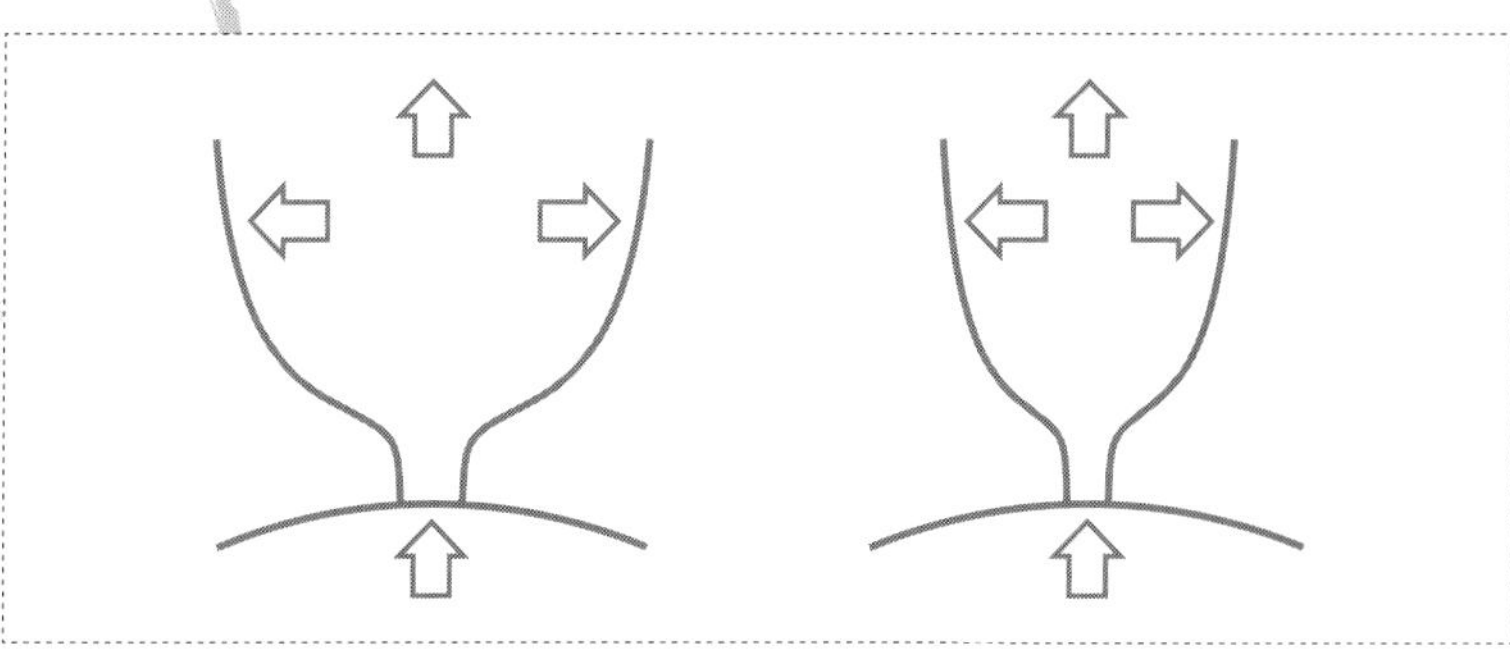

図48　形状が異なる磁束管の比較。左の磁束管は右のものに比べ、高さとともに磁束管の断面積は大きく開いています。下方からガスを押し出す場合、上に押すのに加え、横に拡げるためにもより大きな力が必要となるため、大きな開き具合の磁束管の方が、最終的な太陽風の速度は遅くなります

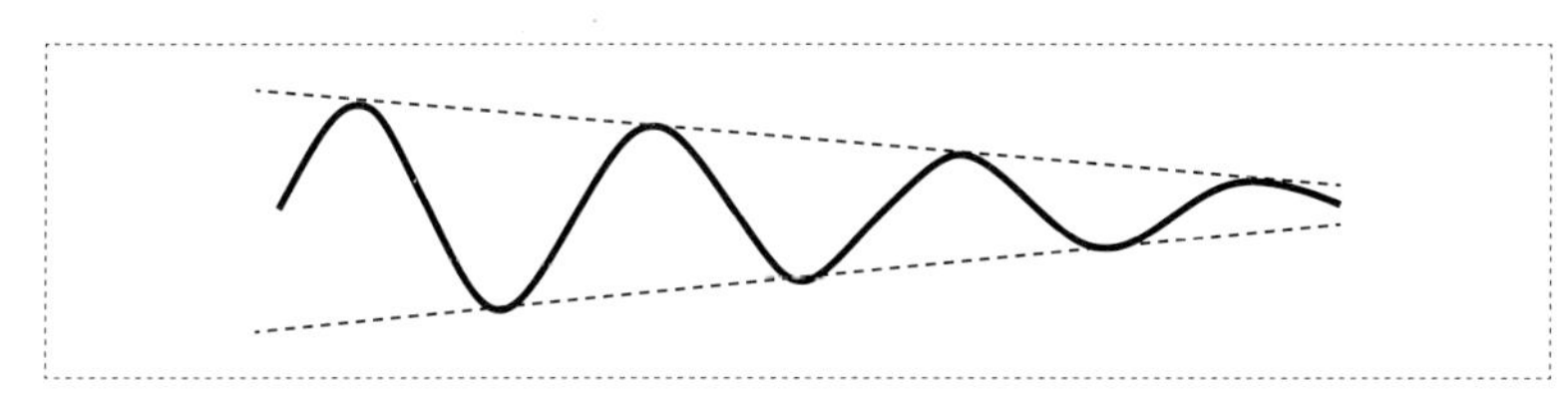

図49　実線は、右方向に伝搬するアルヴェン波の磁力線の形状を表しています。波の伝搬とともに、波の山と谷は右に移動していき、破線にあるような包絡線を形成していきます。

出て来るガスの状態はどのように違うでしょうか？

左側のより大きく開く磁束管では、押し上げるだけでなく横にも拡げるため、より大きな力が使われてしまいます。結果として上から流出する太陽風の速度は遅くなります。

磁場のもう1つの役割は、ガスを直接押し出す効果があるということです。太陽表面から励起されたアルヴェン波が、上空へと伝搬していく場合を考えましょう。図49は伝搬するアルヴェン波の磁力線を示しています。図の左から右へと伝搬する波動を描いたものであり、左が太陽表面に近い場所、右が表面から遠い場所に対応しています。低空から上空へと密度が減少しますが、そのような場合の

アルヴェン波の特性として、磁場の振幅が密度とともに減少するという性質があります。図49の実線はある瞬間の磁力線の形です。この実線の山と谷の部分をつなぐと破線のようになります。この破線を包絡線と呼びます。波はこの包絡線の中に収まるように、右方向へと移動していきます。

アルヴェン波が存在するということは磁場振幅がある、つまり、波の伝搬方向に対して直角をなす磁場成分が存在しているということになります。この成分は波の伝搬方向に磁気圧を生みます。包絡線を見ると、左側の方が右側より大きく、これは左側（表面に近い側）で磁気圧が大きいことを意味しています。高磁気圧側である表面側から、低磁気圧側である上空側に磁気圧による力が働くことになります。この力は、ガスの外向きの流れを駆動するように働きます。ガス圧に加えて、アルヴェン波の振幅による磁気圧により、太陽大気外層がより大きな運動エネルギーを持って流れ出すことが可能になるのです。

こうして表面で励起される波の振幅が大きいほど、アルヴェン波による太陽風加速の効果も大きくなります。また表面の磁束密度が大きいほど、波で運ばれるエネルギーの流れ自体も大きくなるので、最終的な太陽風の運動エネルギーも一般的に大きくなります。

異なる磁束管から流出する太陽風の速度が測定されており、実際にここで述べたような傾向が得られています。図50は名古屋大学太陽地球環境研究所（現 宇宙地球環境研究所）グループの電波望遠鏡による観測から得られた太陽風の速度を縦軸にし、横軸に磁束管の開き具合を表

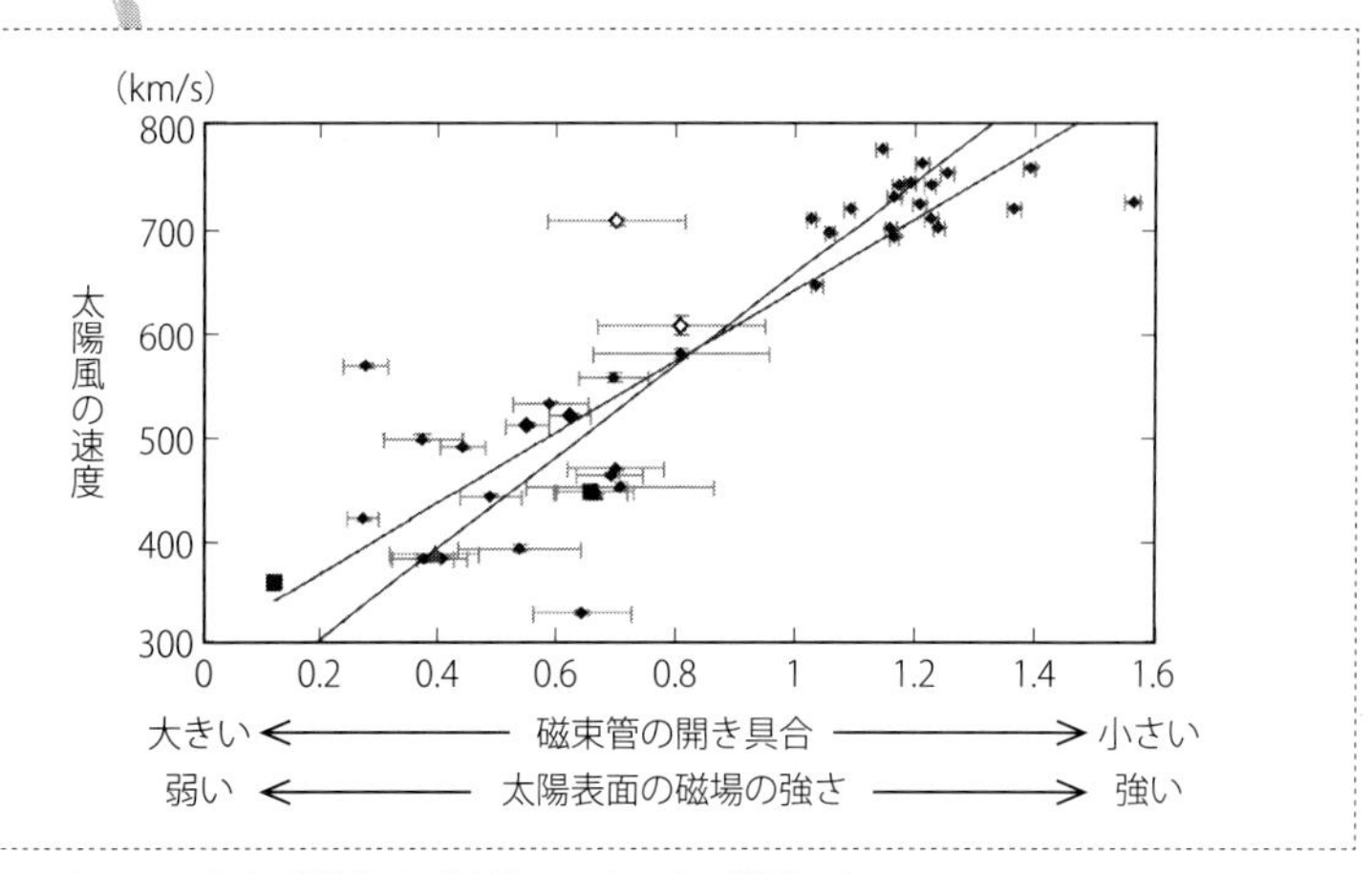

図50　太陽風の速度（縦軸）と磁束管の開き具合（横軸）（The Sun and the Heliosphere as an Integrated System, Edited by Giannina Poletto and Steven T. Suess, Volume317, Kluwer Academic Publishers, Dordrecht, The Netherlands, 2004, p.147より転載）

示したものです。横軸において、右へ行くほど、表面の磁場が強く磁束管の開き具合が小さい場合に対応します。つまり図中のデータ点が右側に位置するほど、表面での磁場が強く、上空に向けてあまり大きく開いていない磁束管から太陽風が流れ出していることになります。磁束管の開きに使われる力が小さいほど、太陽風の速度が速くなるという説明と一致しています。

太陽風はパーカーによるガス圧駆動の枠組みでだいたいが説明できますが、磁場による流れのガイドと直接的な押し出す効果が、最終的な速度にバリエーションを与えているということになります。特に高速太陽風で磁場の影響が強く働いているのです。

Column

太陽黒点と太陽活動

太陽の表面を観測したときに黒いしみのように見えるものを、黒点と呼びます。図ａは２０１４年2月初旬に、ＮＡＳＡの太陽観測衛星ＳＤＯにより観測された太陽です。多数の黒点があることが分かります。比較のため、太陽の画像の右側に地球の大きさが描かれています。大きな黒点は、地球サイズよりもかなり大きいことが分かります。

赤道付近より少し下に特に大きな黒点たちが集まっていますが、その領域を太陽観測衛星ひのでに搭載された可視光望遠鏡で観測した画像が図ｂです。また図ｃ（１０４ページ）は、２００７年5月初旬に同じくひのでの可視光望遠鏡により観測された黒点です。さまざまな形の黒点があることが、よく分かると思います。図ｃの黒点は日本列島の形にどことなく似ていますが、差し渡しの大きさは地球の直径の2倍程度あります。

図ｂや図ｃの拡大図を見ると、まず非常に暗い部分が目に付きます。この領域を暗部と呼びます。また、暗部のまわりを取り囲むように、周囲よりも少し暗いものの暗部よりは明るい場所があるのが分かります。この領域を半暗部と呼びます。

黒点以外の領域は、たくさんの粒状斑（2章の図17など）により埋め尽くされていることが分かります。半暗部にも粒状斑らしき構造が見えますが、いずれも暗部の方向に細長く伸びています。これ

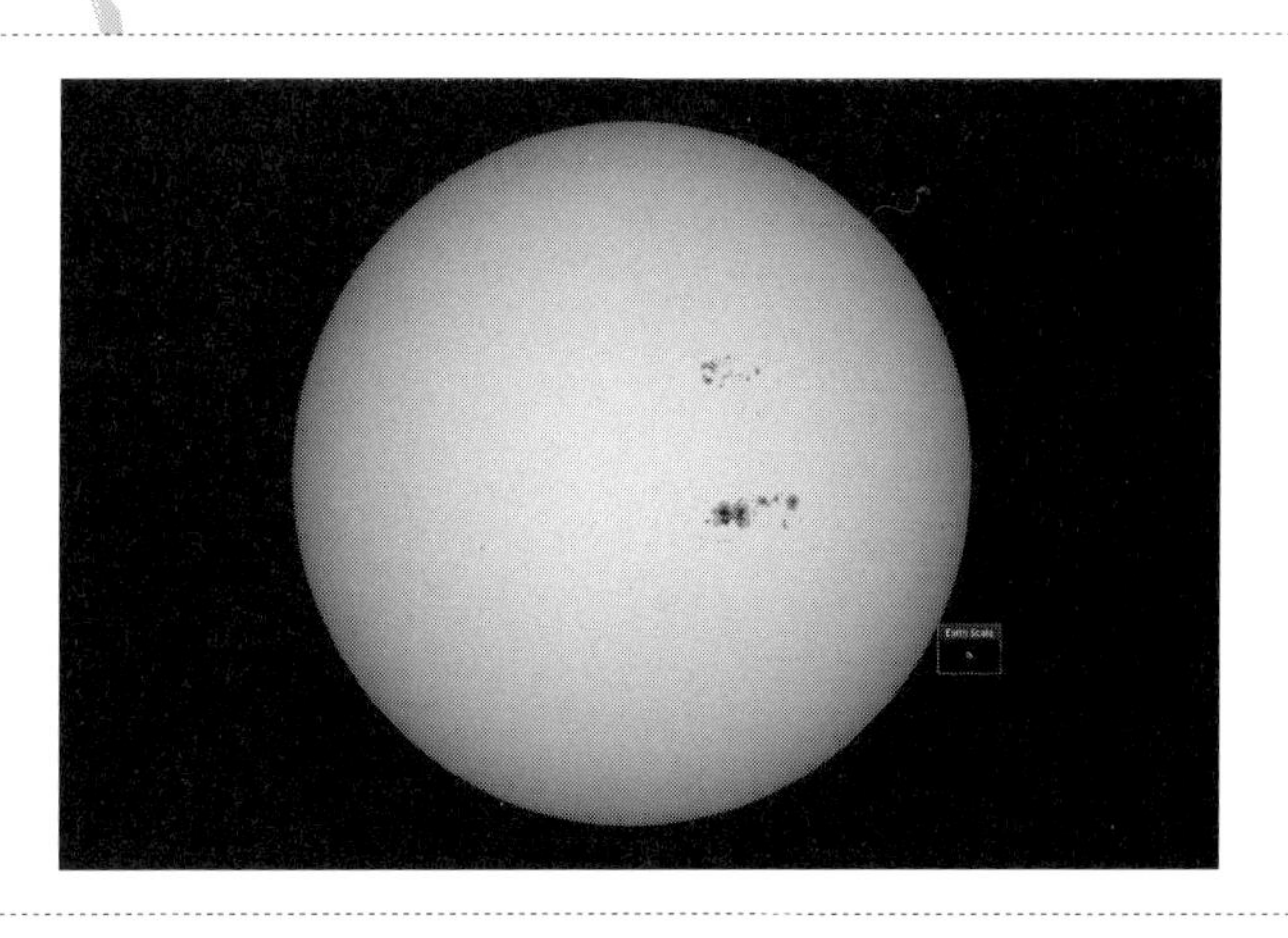

図a　NASAにより打ち上げされた太陽観測衛星SDO（Solar Dynamic Observatory）が観測した、2014年2月4日（世界標準時）の太陽の画像。色の濃い部分が、磁場の強さを表す磁束密度が大きい領域です（NASA/SDO/HMI）

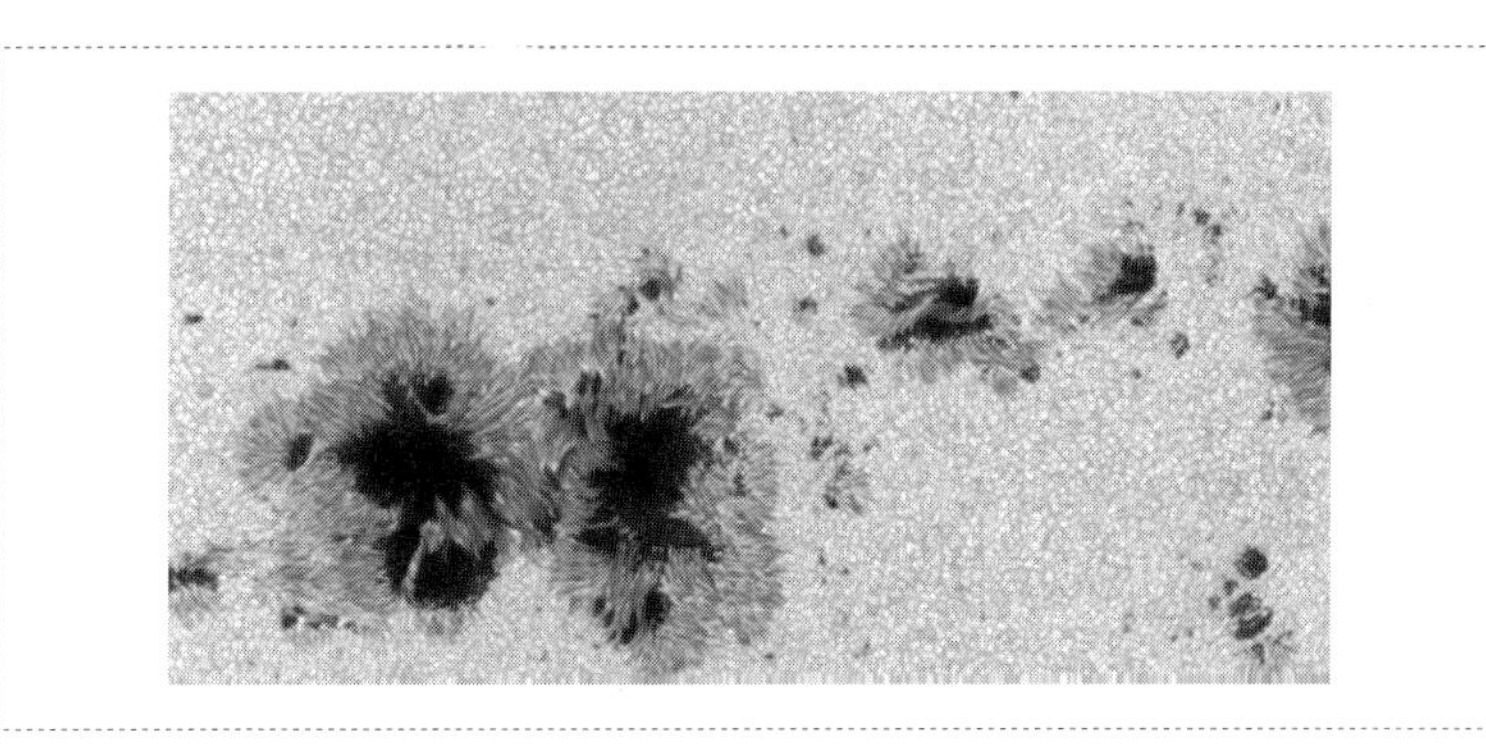

図b　図aの大きな黒点が集った領域を拡大したもの。こちらは太陽観測衛星ひのでによる観測画像です（NAOJ/JAXA）

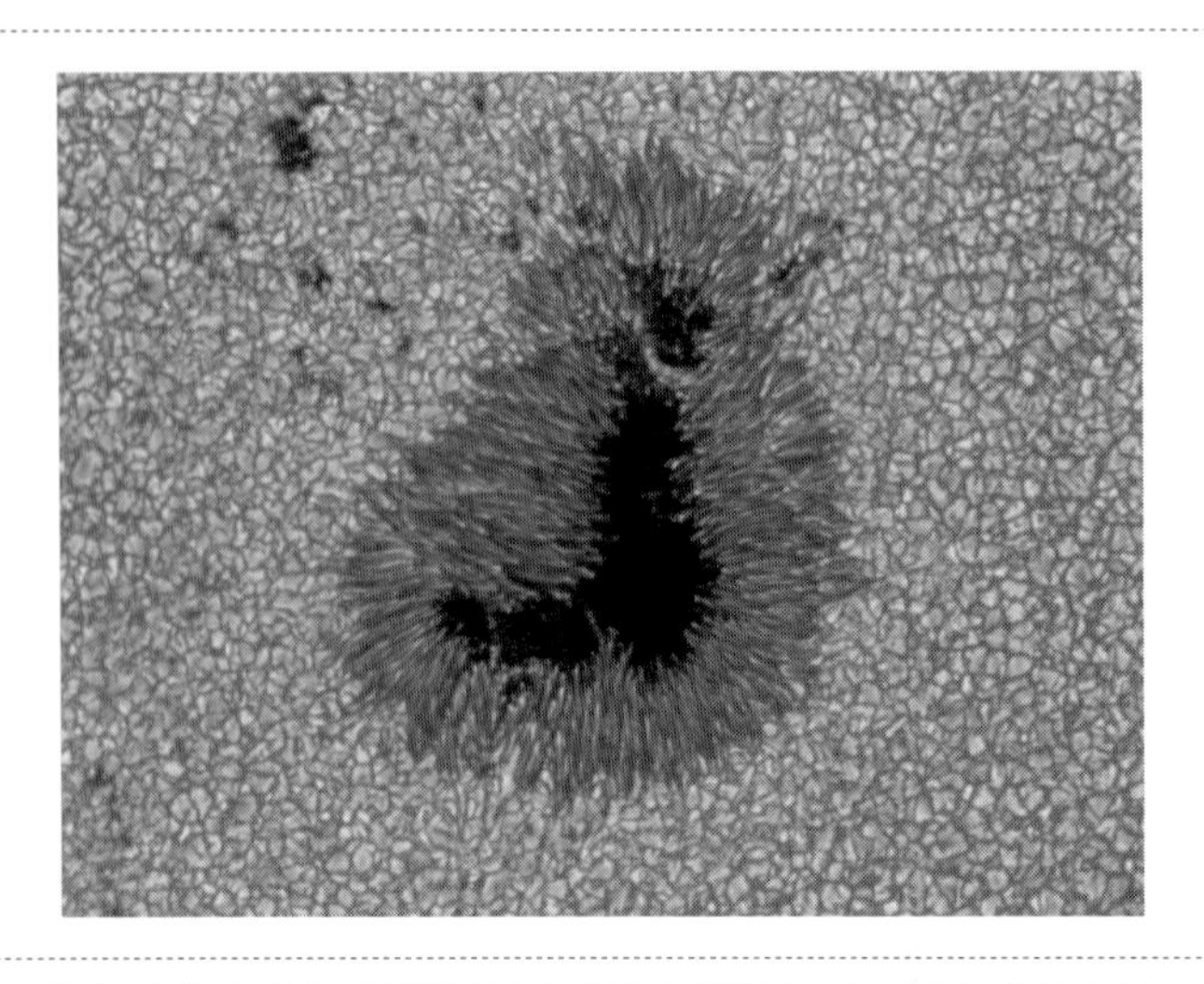

図c　2007年5月にひのでにより観測された黒点。形が日本列島に似ていることから、Japan Sunspotなどと呼ばれています（Sunspotは英語で黒点を意味する）（NAOJ/JAXA）

は実は、暗部から黒点の外側に向かって伸びる磁場の影響です。言い換えると、半暗部の粒状斑は、磁力線方向に引き延ばされているのです。

暗部、半暗部とそれ以外の領域の明るさの違いの原因は、温度の違いにあります。太陽の光球の平均温度が約5800度であるのに対し、暗部の温度は4000-4500度程度、半暗部の温度は5000-5500度程度（いずれも絶対温度）です。温度が高いものほど出てくる放射は強くなるため、暗部、半暗部、それ以外の領域の順に明るくなるのです。

図aの太陽の全景画像の濃淡は、磁場の強さに対応していて、黒点は濃く見える、つまり、磁場の強い領域であることが分かります。磁場の強さである磁束密度を表す単位の一つにガウスがあります。前に述べた地磁気の日本付近での平均的な強さは、この単位では0・5ガウス程度となります。対して、太陽の光球の磁場の平均的な強さは、1-10ガウス程度と、おおざっぱにいって地磁気の10倍程度です。

一方で黒点の磁束密度は、1000ガウスから数千ガウス程度で、地磁気だけでなく太陽表面の平均的な値よりも、非常に強くなっています。図aとbにある黒点群のうち、左側にある黒点付近では、6250ガウスという非常に強い磁場が岡本丈典博士（国立天文台）らにより測定されました。この値は、これまでに計測された太陽の磁束密度ではもっとも強いものです。先に述べた、地磁気の1万倍以上、太陽光球の磁場の平均値に対しても約1000倍ということからも、非常に強い磁場であることがお分かりいただけると思います。

この6000ガウス強という磁場の強さから見積もられる磁場のエネルギーは、周囲のガスのエネルギーの10－20倍程度となります。黒点領域全体の平均的な磁場の強さから得られる磁場のエネルギーはこれよりも若干小さくなりますが、それでもガスのエネルギーと同程度以上あります。

前章で説明したことを踏まえると、黒点での磁場はガスに対して「大きな顔」をしていることになります。そうすると強い磁場の存在により、ガスが自由に動き回りにくくなります。つまり黒点では、ガスの対流運動が磁場により阻害されてしまうことになります。

対流により太陽の内部のエネルギーが外側に伝えられていますので、対流運動が弱くなってしまうと、内部から運ばれてくるエネルギーが小さくなります。その結果黒点の温度が周囲より低くなり、暗く見えるのです。

黒点のおおまかな形成過程は、次のように考えることができます。

太陽の対流層全体で平均すると、磁場のエネルギーはガスのエネルギーよりもかなり小さいので、ガスに凍結した磁力線は、ガスにされるがまま流されていきます。対流運動はガスのランダムな流れなので、場所によっては磁力線がかき集められたりすることもあるでしょう。この磁力線の集まりは強い磁場の領域に対応しますので、このようにたまたま磁力線が集められた場所が黒点ということになります。

このことが、イメージしにくい場合は、風の強い日のつむじ風を思い浮かべると良いでしょう。つむじ風に落ち葉やゴミが巻き込まれ、吹き溜まっていることがよくあります。落ち葉やゴミを磁力線に置き換えると、吹き溜まりが黒点に対応しているということになります。

黒点が出現した後、成長しさらに変形したりしながら、やがて消滅していきます。この出現から消滅までの平均的な黒点の寿命は、おおよそ2週間です。なかには出現して数日で消滅してしまうものもある一方、変形しながらも一か月以上存在し続けるものもあります。太陽は1か月弱で1回自転しますので、このような長い寿命を持つ黒点は太陽が自転でひと回りした後も、まだ消えずに存在し続けていることになります。

黒点の起源やその寿命についてはまだ解明されておらず、理論的には大きな謎に包まれています。それは、黒点の形成を解明するためには、非常に弱い磁場のなかで一部の磁力線がランダムな対流運動で集められて、強い磁場の領域がなぜできるのかという難しい問題を理解する必要があるからです。

しかし最近では、太陽の表面対流層の数値シミュレーションにより、ランダムな対流運動中での黒

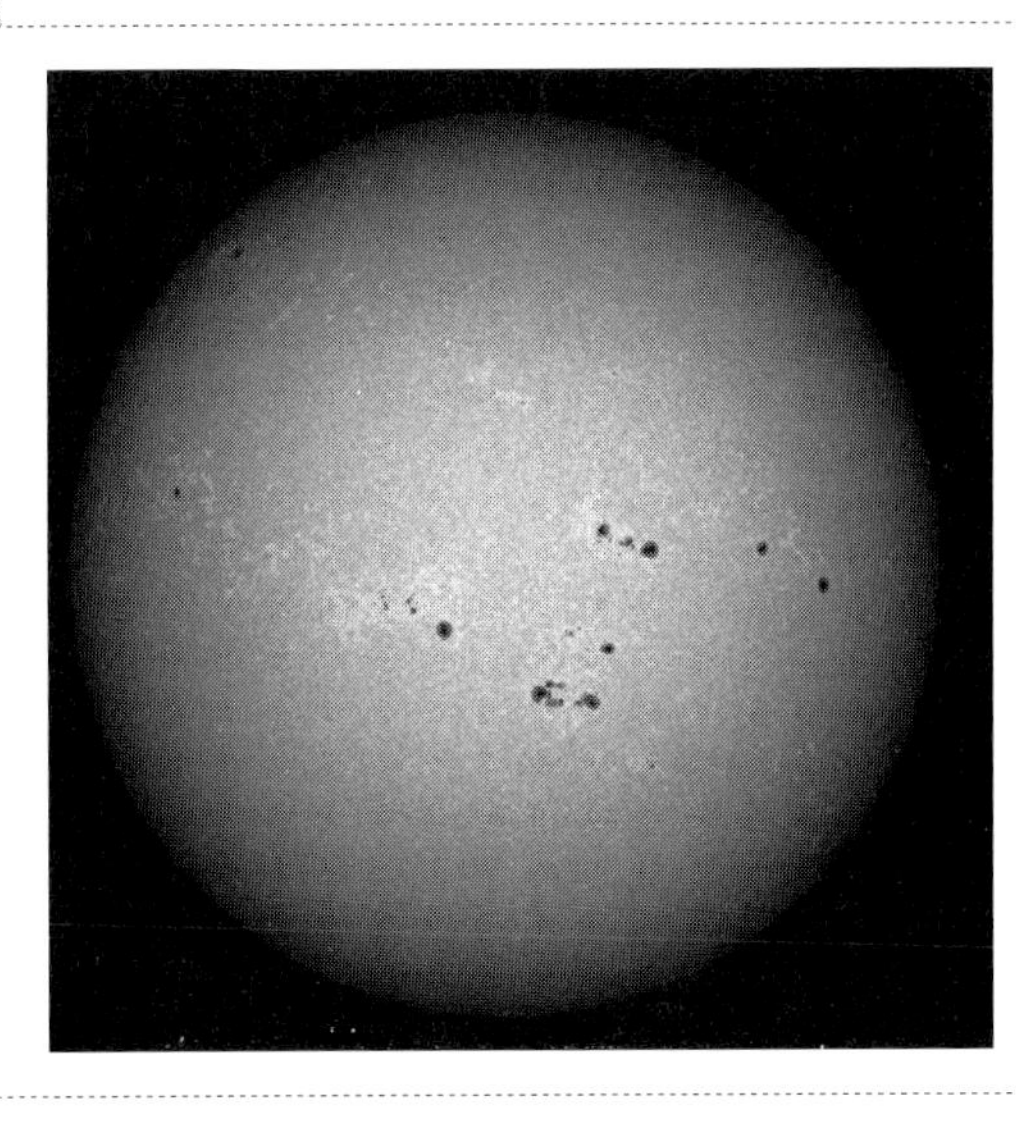

図ｄ　国立天文台太陽望遠鏡（三鷹市）により観測された、2014年４月17日（世界標準時）の太陽の全面画像。黒点のほかに、白っぽく見える白斑も多数あるのが分かります（国立天文台）

点の形成の再現に成功しつつあります。数値シミュレーションの結果を詳しく解析し、黒点の形成のメカニズムを理解できれば、黒点の起源に対する明確な答えを私たちが得る日も、遠くないかもしれません。

黒点と対照的な領域として、白斑と呼ばれる領域もあります。図ｄは国立天文台（三鷹市）にある地上望遠鏡により、２０１４年4月に撮影された太陽の全面画像です。図ａの時期と同じく、多数の黒点が見えます。一方、黒点ほど明白ではないものの、白っぽい領域があちこちに分布しているのが分かります。これらを白斑と呼びます。

黒点とは逆に、白斑は周囲の領域よりも少し高温になっており、その温度は平均すると６０００度を超えます。このため他の領域よりも強い放射を出し、明るく見えています。

太陽の黒点の重要な特徴のひとつが、太陽全面に現れる黒点の数（専門的には相対黒点数と呼ばれる）

が、太陽の活動度合いの良い指標であるということです。太陽は、活動が高い活動極大期と活動が低い活動極小期が交互に現れます。極大期から次の極大期までの周期は、平均すると約11年です。ただしこの11年というのはあくまでも平均値で、9年程度まで短くなることもあれば、14年程度まで長くなることもあります。

図aや図dの全景画像では数多くの黒点が分布しています。それは、この観測画像が撮られた2014年は太陽活動が活発な時期だったからです。一方で、活動が弱い時期には太陽にまったく黒点が観測されない時期もあります。

出現する黒点の数と相関するように、磁場の活動や放射も変化します。活動極大期には、フレアやコロナ質量放出が発生する頻度が高くなります。X線や紫外線などの高エネルギー放射も、極大期の方が大きくなります。

エネルギーの大部分を占める可視光線と赤外線までを含めた太陽の総放射量自体も、極大期は極小期に比べ少しだけ（0・1％程度）大きくなります。黒点自体は放射が弱い領域なので、表面に占める黒点の割合が大きくなると全放射は小さくなるはずです。実は、先に述べた、放射量を増加させる白斑も活動極大期に多数現れます。そして白斑による増光の影響が、黒点による減光の影響を上回り、総放射量自体が大きくなるのです。

爆発現象や放射といった点で、極大期には太陽の活動度が高くなり、さらに太陽の黒点の数がその活動度合いの良い指標となっているのです。

1600年代の初頭に望遠鏡が発明された直後から、太陽の黒点は観測されています。当時は写真技術はなかったものの、望遠鏡による太陽の観測画像を紙に投影し、黒点を手で描くスケッチ法を用いた詳細な黒点の描像が得られています。こうして私たちは、400年を越える長期間に渡る太陽黒点数の変化、そしてそこから推測される太陽活動の長期変化を知ることができています。

そしてこのような長期間の太陽黒点の観測結果から、先に述べた平均11年の周期変化に加え、より長い100年近い周期の長期変化があることも分かってきました。たとえば1645-1715年頃には、長期に渡って黒点が非常に少なった時期があり、マウンダー極小期と呼ばれています。この時期に地球は寒冷な気候だったことも分かっており、太陽活動が地球の気候に影響を与える可能性を考えるきっかけのひとつとなりました。

4章
計算機の中の太陽

温度が6000度弱の低温の光球の外側に、100万度を超えるコロナが存在し、そこから高温プラズマである太陽風が吹き出していることが分かりました。そこには、磁場が大きな役割を担っていることを納得していただいたものと思います。表面対流層からは磁束管が上空へと伸びており、磁束管の足もとが対流運動で揺らされることにより、対流運動のエネルギーを磁場を介して上空へと持ち上げているのです。

本書の冒頭で、熱源である太陽中心から離れているにも関わらず、温度が低下するのではなく逆に上昇するのが謎であると述べました。この謎に対する答えとしては、磁場によってストーブが太陽表面から上空へと少しずつ持ち上げられ、そこで直に加熱が起きているので、上空の方が高温になっているというイメージを描いていただけると良いでしょう。

観測の「穴」

では表面の対流から上空のコロナ、そして太陽風に至るまでの実際の状況は、観測によりどの程度までわかっているのでしょうか？　光球は表面対流層の上面の少し上に位置しているため、対流によりガスが表面に湧き上がってくる状況が詳細に観測されています。すでに紹介した図17（37ページ）が観測の一例ですが、このような観測を継続し粒状斑の動きを追跡することで、光球付近での対流運動の平均的な速度を見積もることができます。そのように求められた値はおおよそ秒速1キロメートルとなります。この速度の情報から、対流の運動エネルギーも見積もることができます。

さらに光球付近では、図18（38ページ）や図47（98ページ）にあるように、詳細な磁束密度も観測されており、そこから上空の磁力線の状況もある程度知ることができます。さらに図44（92ページ）にあるような彩層の観測を継続して行うことで、磁場の振動の状況も分かります。ここから磁束管に沿ってどの程度のエネルギーが上空へと運ばれていくかを見積もることが、最近できるようになってきました。光球から彩層に至る領域でのガスの運動や磁場の状況が、観測でかなり詳細に分かってきているというのが現状です。

光球や彩層が出す電磁波の大半は可視光領域にあります。これは我々の目が感じることのできる波長帯で、地球大気による吸収や散乱の影響はあまり大きくなく、地表に大量に降り注いできています。電磁波のうちの可視光帯で光る光球や彩層は、地球上に置いた望遠鏡で詳細に観測ができます。しかしさらに太陽大気の上空に行くと、観測も徐々に困難になってきます。

彩層の上部からコロナに至るとガスの温度が上昇してきます。温度の上昇に伴い、放射される電磁波も紫外線からX線へと、より波長が短くエネルギーの高いものへと変わっていきます。

紫外線帯は人間の日焼けの原因となる電磁波であり、この波長帯の電磁波はかなりの割合が地球大気上層で吸収、散乱され、地表には直接やって来ません。同じく人間が長時間浴びると有害なX線も、大気により吸収され地表にはやってきません。

紫外線やX線が地表に直接届いてしまうと、我々は皮膚がんになったり被曝したりと大変困ったことになってしまうので、我々はまさに大気に守られているのです。しかしこれは裏を返すと、これらの波長帯で太陽を観測するためには、地上に置いた望遠鏡からでは無理だということになります。したがって、紫外線からX線を出すコロナを観測するためには、大気圏外の宇宙空間から行う必要があります。これまでいくつかの太陽のX線画像を紹介してきました（図7や図43など）が、これらはいずれも人工衛星によって観測されたものです。

我々人類が人工衛星を打ち上げる能力を持つ前は、コロナの観測をすることは事実上不可能であったということになります。唯一の例外は、図5にあるような皆既日食のときの観測です。皆既日食では非常に明るい太陽本体が月に隠されるため、大気外層のコロナがぼんやりと輝いて見ることができるようになります。しかしここで見えるコロナからの光はX線ではなく可視光領域のもので、光球から出た光が、コロナにある電子に散乱されて見えているのです。コロナにあるプラズマガスの詳細な物理状態を知るためには、紫外線からX線にかけての地上からは観測できない波長帯での観測がやはり重要になります。

大気圏外の人工衛星からの観測で、コロナ領域の高温プラズマからの放射も観測できるようになった今ですが、コロナの上部そして太陽風領域になると人工衛星によっても観測が難しくなってきます。前章で説明したように、太陽から離れれば離れるほど、重力の影響でガスの密度は減少していきます。紫外線やX線はプラズマガスの粒子から放射されるので、ガスの密度が下がるとその分放射される電磁波も少なくなります。つまりコロナにおいても、上部に行けば行くほど暗くなるのです。

やって来る電磁波の量が少なくなると、誤差の少ない観測をするためには長時間の露出が必要となります。これは可視光でもX線でも変わりません。しかし長時間露出した上で観測すると、速い振動現象などを捉えることができず、ならされた平均的な状況のみが分かるだけになってしまいます。現在の最新の人工衛星を用いても、詳細な観測ができるのは、太陽表面から太陽半径程度離れた場所ぐらいまでになります。太陽中心から測って、太陽半径の2-3倍より外側では、大気圏外にある人工衛星をもってしても観測は事実上不可能という状況です。

ここまでは地球上や、地球のまわりを周回する人工衛星から太陽を観測する手法について説明してきました。離れた場所から太陽を観るということなので、このような方法を、「リモート観測」と呼んでいます。これに対して、宇宙探査機が実際に計測したい場所まで行って、その場所でのプラズマガスの状況を診断する「その場観測」という手法もあります。

太陽風プラズマは地球付近にも吹きつけています。地球軌道付近には太陽風観測のための宇宙探査機が複数飛んでいます。直接太陽風プラズマを掴み取り、その密度、速度や磁束密度などの物理状態がどのように変化しているかを計測しています。

地球近傍以外の場所にも宇宙探査機は飛び出しています。NASA（アメリカ航空宇宙局）とESA（欧州宇宙機関）が1990年に共同で打ち上げた探査機「ユリシーズ」は、地球軌道よりも外側を飛び太陽風プラズマの状況を探査しました。

太陽系の惑星たちは、太陽の周囲のほぼ同一平面内の軌道を周回しており、この面を黄道面と呼びます。ユリシーズは打ち上げ後しばらくは黄道面を飛行しましたが、木星のごく近くを通過させることで木星の重力で飛行軌道を大きく変え、黄道面から離れる軌道を取ることに成功しました。このように、惑星の重力を使って宇宙探査機の軌道の方向を変える技術をスイングバイと呼びます。

ユリシーズは黄道面から見て木星の上（北）側からスイングバイし、下（南）方向に大きく黄道面を脱出しました。太陽-地球間距離を1天文単位と定義しますが、ユリシーズはもっとも遠い場所で太陽から5・4天文単位離れた場所まで行き、黄道面から離れた高緯度領域の太

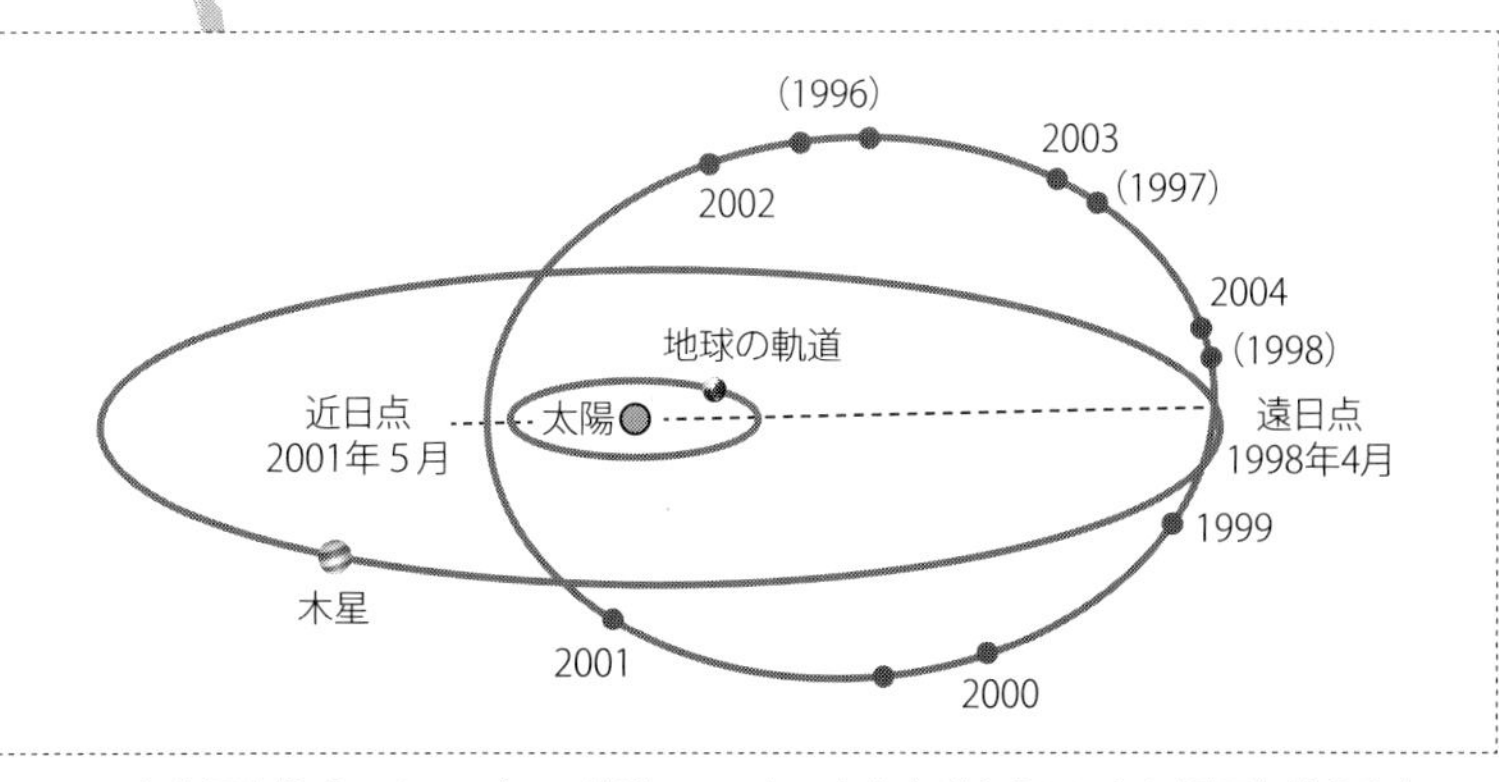

図51　宇宙探査機「ユリシーズ」の軌道。1990年の打ち上げから2009年に運用を終えるまでこの探査機は太陽のまわりをほぼ 3 周しましたが、この図にあるのはそのうちの第 2 周回のものです。図には太陽系惑星のうち、木星と地球の公転軌道も描かれています（https//directory.eoportal.org/web/eoportal/satellite-missions/u/ulysses より転載）

陽風を調べました（図51）。木星‐太陽間の平均半径が5・2天文単位ですので、いかに遠くまで行ったかが分かるでしょう。

地球軌道より内側の太陽風の状況を調査した宇宙探査機もあります。アメリカと西ドイツ（当時）により打ち上げられ、1970年代後半‐80年代前半に活躍した探査機にヘリオスがあります。これらはヘリオスA、ヘリオスBという2機からなり、いずれも水星の公転軌道の少し内側まで到達しました（次ページの図52）。

特にヘリオスAは最近接点として太陽から0・29天文単位まで到達し、現在でも太陽にもっとも接近した宇宙探査機の記録となっています。この0・29天文単位は、太陽中心から太陽半径の約60倍の位置に相当します。

太陽に接近して観測・計測を行うことは、技術的に非常に大きな困難を伴います。太陽コロナから吹き出す太陽風プラズマは、高温の放射性物質の塊ですので、宇宙探査機がその中に浸されてしまうと、電子機器は大きな影響を受け計測ができなくなってしまいます。このような理由もありヘリオスAの太陽半

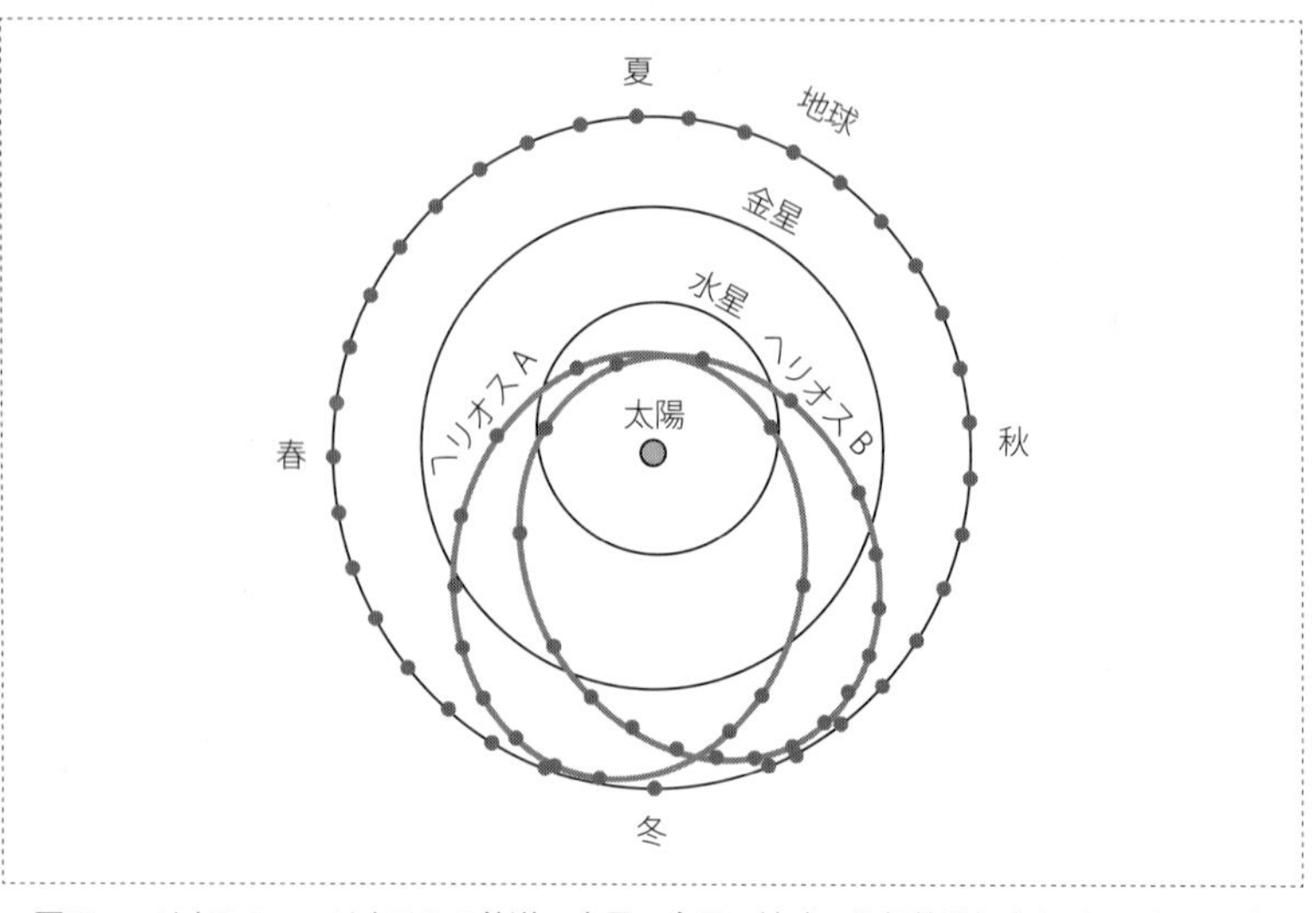

図52　ヘリオスA、ヘリオスBの軌道。水星、金星、地球の公転軌動も合わせて示しています（http//helios-data.ssl.berkeley.edu/about/ より転載）

径の約60倍という記録は長らく破られていなかったのです。しかし、近々大幅に更新される可能性が高くなっています。

２０１８年8月に米国の宇宙探査機「パーカー・ソーラー・プローブ」が打ち上げられたことです。それは、この探査計画は、金星の重力を利用したスイングバイを複数回行い、２０２４-２０２５年頃に太陽中心から測って太陽半径の10倍を切る位置まで接近する予定となっています。この計画が順調に進むと、太陽に非常に近い領域の太陽風プラズマの状況が直接診断でき、太陽風駆動にどのような物理機構が働いているのかの理解が飛躍的に進むものと大きく期待されています。

太陽大気の観測の現状をここでいったんまとめておきましょう。リモート観測では、太陽中心から測って、太陽半径の2-3倍までがギリギリ観測できる範囲です。

一方、その場観測で計測できたのは、太陽半径の60

倍までそれより内側には到達できていません。太陽側から外に観測領域を伸ばしてきたリモート観測と、地球側から計測領域を太陽に向けて伸ばしてきたその場観測ですが、両者の間にはまだ大きな隔りがあり、観測の「穴」が存在するということです。

では、この「穴」を埋める他の上手い観測方法はないものでしょうか？　実は電波を観測するという方法で、太陽風ガスの流れの状況を調査する研究も行われています。この手法はリモート観測に分類されますが、これまで紹介した太陽コロナのガスからの放射を直接観測する方法とは、少し趣向が異なります。

それは惑星間シンチレーション計測と呼ばれるもので、非常に遠くにある電波領域の電磁波を強く放射する天体を、光源として使います。代表的なのはクェーサーと呼ばれる天体です。

クェーサーは発見当初どのような天体か分からず、「星のようなもの」という意味で日本語では「準星」などと呼ばれていました。現在はその正体がだいぶ判明してきており、他の銀河の中心に存在する質量が太陽質量の100万倍-1000万倍を超える巨大ブラックホールだと考えられています。クェーサーからはさまざまな波長の電磁波が放射されていて、そのうちの電波を使うというのがこの方法です。

観測では、天の川銀河系外から発した電波を地球上の電波望遠鏡で受け取ります。地球に到達する前には惑星間空間に満たされている太陽風の中を通過して来ることになります。この際に太陽風プラズマガスの粒子に散乱される光子もあります。

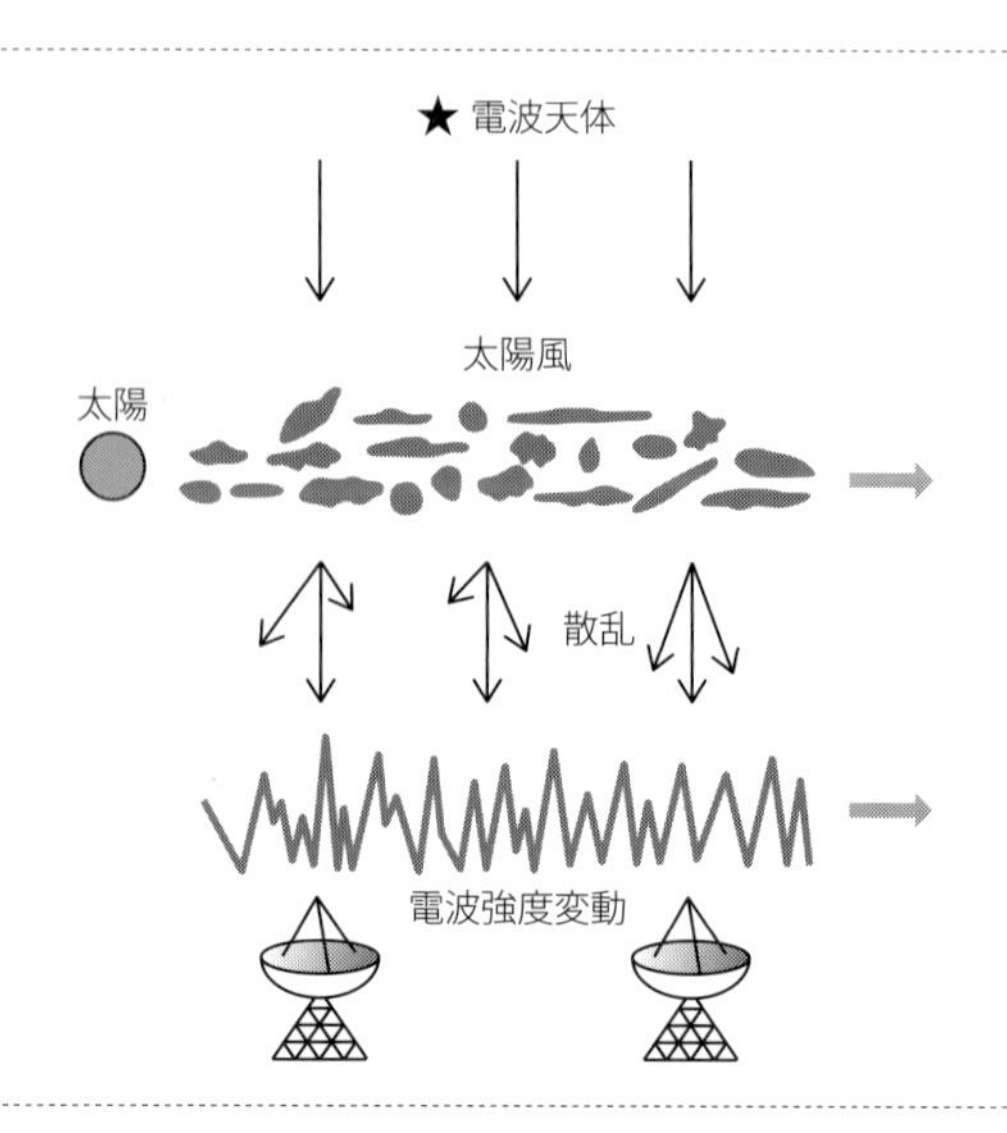

図53　惑星間シンチレーション計測の概念図（名古屋大学宇宙地球環境研究所の資料：http//stsw1.isee.nagoya-u.ac.jp/research.html をもとに作成）

太陽風のガスも密度が一定の流れではなく、少し密度が高い領域や低い領域を含みつつ流れ出しています。電波源からやってきた電磁波は、密度の違いにより散乱される度合いが異なります。さらに太陽風は外向きに流れ出しているので、このような密度の濃淡もこの流れに乗っかっていて、電波の散乱のされ方も刻一刻と変化することになります（図53参照）。

この状況を地上の電波望遠鏡から観測すると、電波源の強度がまたたいている（シンチレーションと呼ばれます）ようになります。このまたたきの時間変動から、太陽風の流れ出しの状況を決めることができます。

惑星間シンチレーション計測では、ある程度の速度になった後の太陽風の流れの状況を決定できることになります。この手法はリモート観測に分類されますが、すでに紹介したX線などのリモート観測の

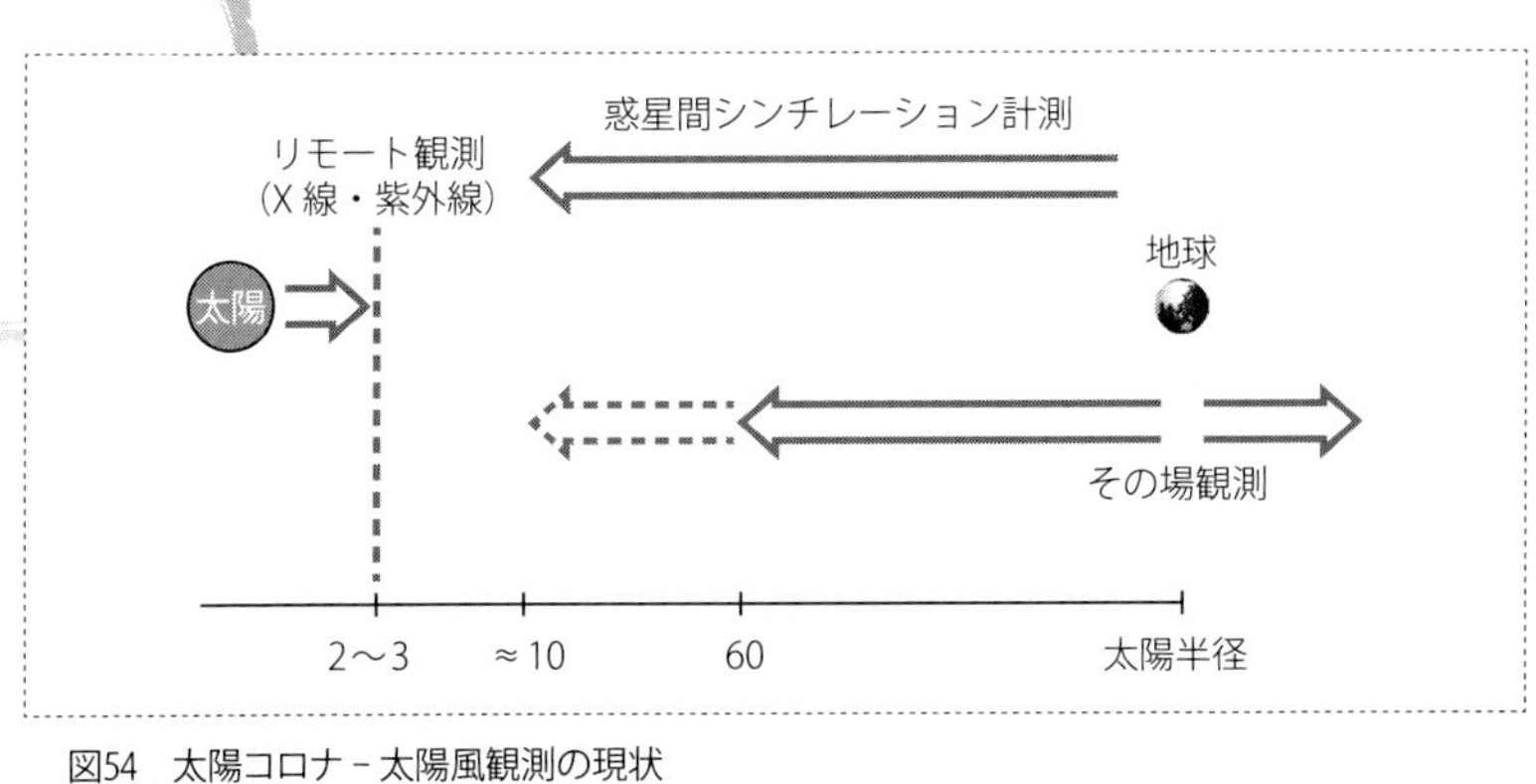

図54　太陽コロナ－太陽風観測の現状

ように、プラズマガスが太陽風として高速度で流出していないところの太陽大気の状況は知ることができません。このため得意とする観測領域は、その場観測と同じく太陽から離れた外側の領域になり、そこから頑張って太陽に近い場所へと観測領域を拡げる努力が繰り広げられています。

地上の電波望遠鏡からの観測は、太陽中心から太陽半径の10－20倍の距離にある太陽風の速度がこの手法により求められています。その場観測の最接近記録である太陽半径の60倍よりもだいぶ内側まで攻め込むことができており、観測の「穴」をかなり狭めることに成功しているということになります。

実は地上ではなく、宇宙空間に打ち上げた電波望遠鏡を使った最新の結果では、もう少し太陽に近い場所での結果も得られているので、これについてはのちほど詳しく触れることにしましょう。

太陽コロナ－太陽風の観測の現状をまとめておきましょう（図54）。X線や紫外線などのコロナのプラズマからの放射を直接観測するリモート観測では、太陽中心からの距離で太陽半径の2－3倍の場所まで何とか観測することができます。

一方、宇宙探査機が直接行って計測するその場観測では、外側から攻めて行き現状では太陽半径の60倍程度の距離まで到達しています。同じく外側の領域の観測が得意な惑星間シンチレーション計測では、太陽半径の10-20倍程度まで観測ができています。

その場観測では、2020年代前半-半ばには太陽半径の10倍弱まで到達できる見込みはあるものの、依然として太陽半径の2-3倍から10倍程度の領域では、観測の「穴」が残ってしまうことになります。

実はこの観測の穴の領域は、太陽風の駆動にとっては非常に重要な場所なのです。大気中のコロナ領域では、プラズマガスはまだ吹き出してはおらず、時間的に平均するとほぼ静止した状態と考えることができます。しかし太陽から離れるに従い加速され、最終的に低速太陽風の場合でも秒速300キロメートル以上、高速太陽風の場合には秒速1000キロメートル近くにもなります。

飛行機の速度などさまざまなものの速さを、音が伝わる速さである音速と比べることがよくありますが、太陽風でも音速との比較をやってみましょう。太陽コロナを構成するプラズマガスの音速は、平均すると秒速約150キロメートルです。太陽風の根元であるコロナでは、太陽風の速度は音速よりも十分遅い亜音速状態ですが、最終的な太陽風の速度は音速を超える超音速状態になります。亜音速から超音速になる場所を、遷音速点や臨界点などと呼びます。この遷音速点の前後が、太陽風がもっともよく加速される太陽風駆動領域とも呼べるものです。

実はこの太陽風駆動領域は太陽半径の数倍－10倍程度の場所であり、ちょうど観測の穴となっている領域の中にあるのです。太陽風の駆動の観点から、一番面白く重要な領域が、観測することが一番困難であり、現状ではもっとも良く分かっていないということなのです。

非線形現象

太陽風駆動領域を直接観測する術がないというのは、太陽風がなぜ吹き出すのかを理解するためにはかなり困った事態です。しかしまったく何もできないというわけではありません。こういうときこそ、理論研究の出番です。

太陽大気中のプラズマガスは、もちの中のゴムひもと形容でき（図20参照）、磁気流体力学という電磁気学と流体力学を組み合わせた方程式系でうまく記述することができます。磁気流体力学は複数の数式の組み合わせですので、観測で詳細まで見えている太陽表面のデータを入力し、数式をきちんと解けば、原理的には上空の太陽風駆動領域の状況が分かるはずです。

しかし問題はそう単純ではありません。磁気流体力学の方程式たちは、値が分かっていない変数どうしのかけ算やわり算が各項を構成する、非線形方程式系になります。非線形方程式は、一般には紙と鉛筆だけでは答えが出せないという特徴があります。少し難しい言い方をすると、通常は解析解が導けないということになります。

このため、非線形方程式の解はコンピューターを用いて求める数値解に頼らざるを得ないのですが、ほんの少し条件を変えるだけで結果が大きく変わってしまうという予測不能性があったりと大変厄介なものになります。が、いきなり非線形現象の解について深入りすると、読者

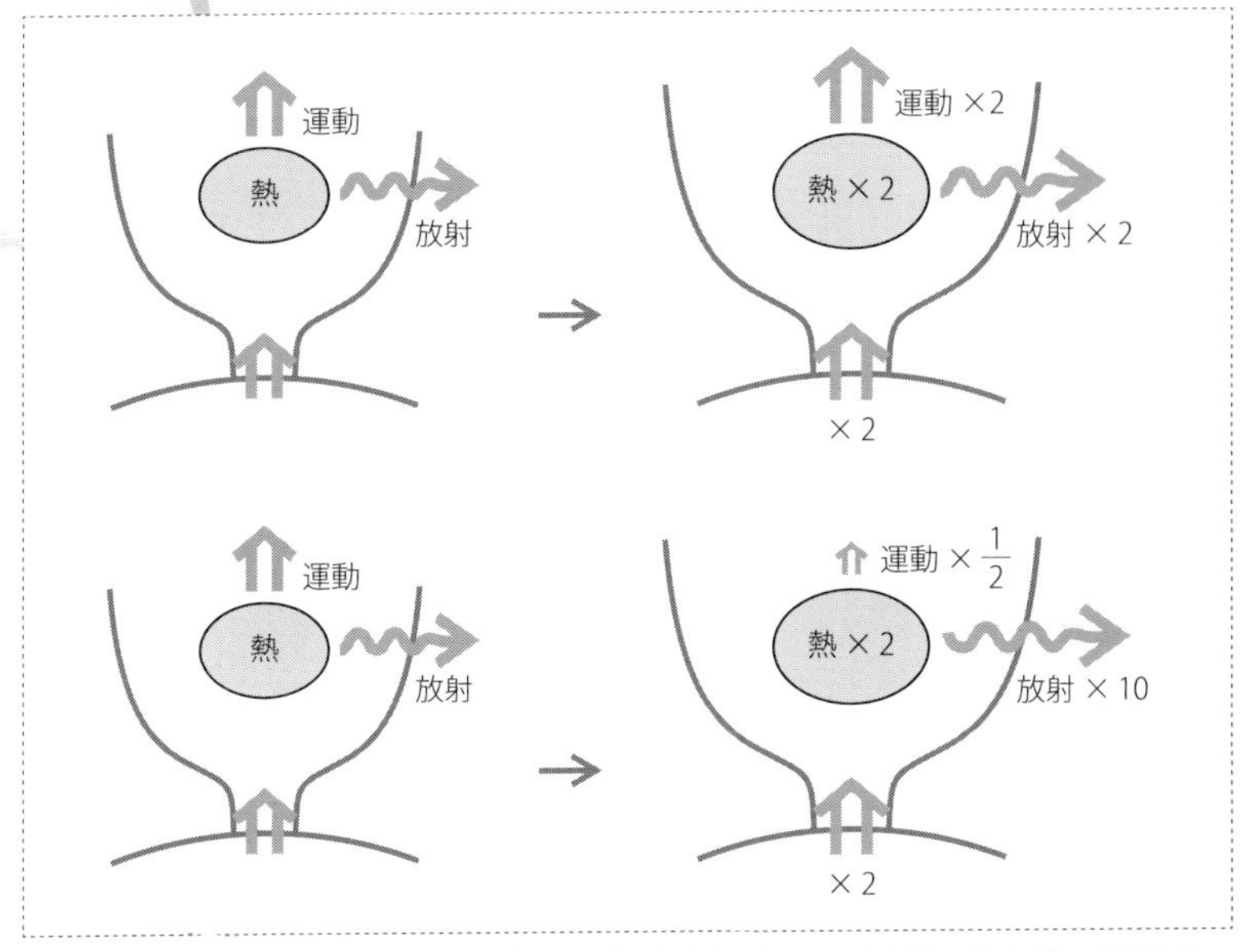

図55　太陽表面からの注入エネルギーを２倍にしたときに、上空でのエネルギー変換はどのように影響を受けるのでしょうか？ 上は線形関係が成り立つ場合です。下は非線形の場合の一例です

の皆さんも大混乱すると思いますので、対になる線形現象のお話しから始めます。

太陽表面から磁場を介して注入された対流の運動エネルギーは、コロナの加熱に対応する上空での熱エネルギー、太陽風の駆動に対応する運動エネルギーや、X線や紫外線の放射に対応する放射エネルギー等々に変換されます。注入されたエネルギーがたとえば2倍になると、上空でのこれらのエネルギーはどうなるかを考えてみます。

線形現象の場合は非常にシンプルで、注入エネルギーが2倍になると、上空で変換された熱、運動や放射のエネルギーもそれぞれが2倍になります。全体として考えると、下から入れたエネルギーが2倍になり、上から出てくるエネルギーも2倍になるということで、全体的にエネルギー保存が成立しています

（図55の上）。

非線形の場合はこんなには単純ではありません。注入エネルギーを2倍にしたときに、たまたま放射エネルギーも2倍になったりすることもありますが、一般にはこのような比例（線形）関係にはならず、4倍になったり10倍になったり、あるいは逆に減少したりもします。たとえば放射エネルギーが10倍になったとすると、割を食って運動エネルギーが半分になったりすることもあります（図55の下）。

この例の場合の放射エネルギーに注目すると、根元の入力を少し変えるだけで、上空の状況は激しく変わり、帰結が入力に非常に敏感に依存するということになります。

同じくこの例での運動エネルギーに注目すると、入力を2倍にすると出力が半分になってしまうということで、直観的には非常に気持ち悪いものです。しかし、非線形現象ではこのような結果がしばしば出現します。

ただし全体的なエネルギー保存はいつでも成立するので、下から入れるエネルギーを2倍にすると、上から出てくるエネルギーの総和も必ず2倍になります。出力エネルギーで減っているものがいると、それを埋め合わせるように増えているものも必ずあるということです。

またさらには、非線形現象では結果の予測も非常に困難です。ここまでと同じ例で、下からの入力エネルギーを2倍にしたときに、上空での放射のエネルギーが4倍になったとしましょう。下からの入力エネルギーをさらに2倍、つまり最初から見て都合4倍にすると、上空での放射エネルギーはどうなるでしょうか？　単純に外挿すると、さらに4倍、つまり最初から比べると16倍になりそうです。しかし、一般にはこのような単純な外挿になっていることはまずありません。これまでの経験をもとに、外挿により結果を予測することもできないということです。

少し脇道に逸れますが、このような非線形現象はいろいろな場面で登場します。身近なところでは、気象があります。気象分野での重要な仕事として天気を予報することがあります。このためには、「水蒸気」↕「水」↕「氷」という物質の相変化を考慮して雲の形成や降水を扱いつつ、大気の流れを流体力学を用いて計算するという一連の作業を行うことになります。流体力学自体が非線形方程式から構築されているため、天気予報を作成することは非線形現象での予報を行うという非常に困難な作業になります。

20世紀に活躍した著名な気象学者エドワード・ローレンツ（ローレンツ力の由来となったヘンドリック・ローレンツとは別の人）は、気象の理論モデルの計算の際に、わずかな入力値の違いがその後に予測される気象パターンに大きな違いを生み出すことを見出しました。これはたとえば、観測の誤差や、後から述べる数値計算に伴う誤差があると、この誤差が一気に増幅して予報を大きく間違うということになります。

このような状況は、非線形システムである太陽大気でも同じです。太陽表面での磁束密度や対流速度を入力値として、上空でのコロナの温度や太陽風の駆動の状況を調べる際に、入力値に誤差があったり、数値計算での誤差が混入したりすると、上空での状況が大きく異なったものになってしまいます。

そもそも完全な形の磁気流体の式を解析的に正攻法で解くのは不可能なので、数値計算をするしかなく、数値計算をする際にも細心の注意を払ってプログラムを作成する必要があります。

太陽風の数値実験

それではここで、実際の太陽風駆動の数値計算を私たちの研究も交えつつ紹介したいと思います。数値計算のことを通常私たちは「数値シミュレーション」や「数値実験」と呼びます。シミュレーションは日本語では「模擬実験」という意味になります。そしてその目的は、計算機の中で太陽風を模擬的に作り出し、太陽表面から惑星間空間へとエネルギーが実際にどう伝わっていくのかを調べることにより、実際の太陽風がどのように駆動されているかを解明することです。

準備

対流運動によって光球からエネルギーが注入されると、上空の大気そして太陽風にかけてのプラズマガスが、時間とともにどのように変化していくかを地道に調べていくのが、数値シミュレーションで行う作業になります。そのときには、調べたい領域に座標を設定します。

次ページの図56は太陽大気中に、座標を設定する際の模式図です。図では立方体の格子を3次元的に設定しているのが分かると思います。この例では太陽表面に平行な面に2×2の格子が、

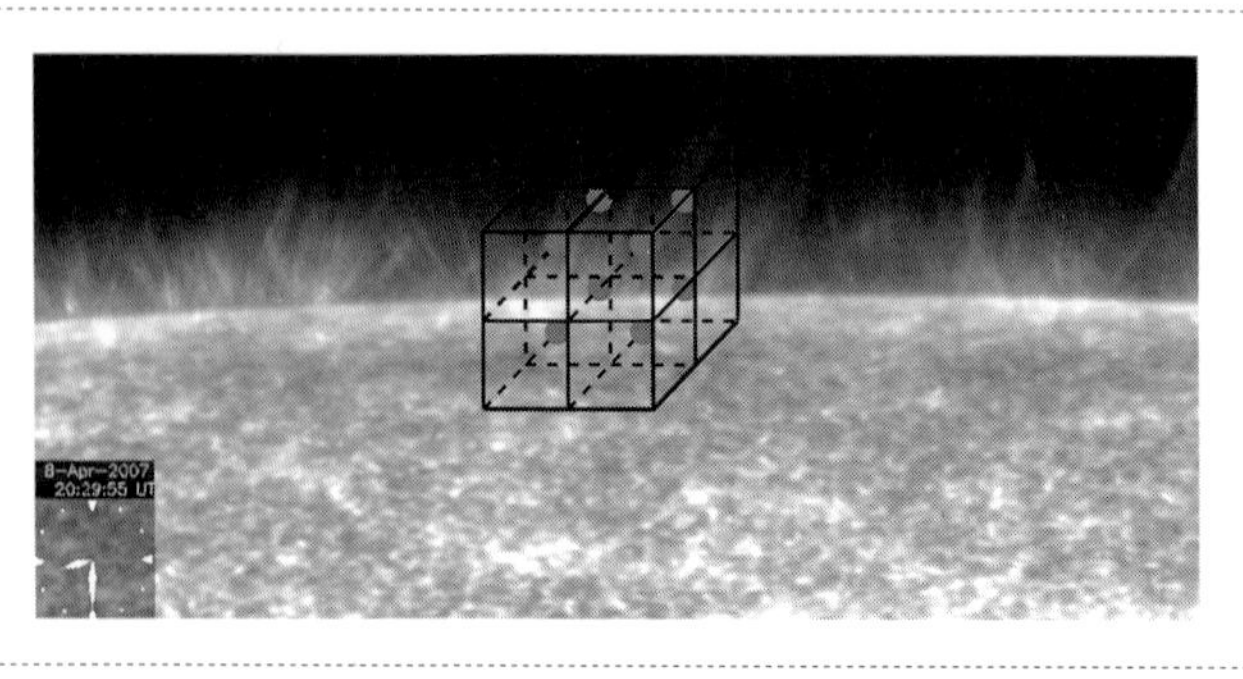

図56　太陽大気に張った格子点の概念図。観測画像は「ひので」の可視光望遠鏡によるものです

上空方向へも2個の格子が張られています。実際の計算では、通常各方向に数百個の格子を張ります。

この格子の数が多くなるほど計算量も増えるので、計算時間が長くなります。最新のスーパーコンピューターを用いると、各方向に数千個の格子を設定したものが何とか解けるという状況です。それ以上格子の数が多くなってしまうと、計算時間が10年や100年あるいはそれ以上掛かるという、我々人類にとって非現実的な状況になります。

図56では3次元の全方向とも同じ数の格子になっていますが、これは調べたい状況によって自由に変更可能です。たとえば上空にはあまり興味がない場合は、水平方向の格子の数のみを多くするなどとすれば効率的です。

また、この図の例では立方体の形の格子になっているものの、直方体などの他の形でも構いません。太陽はほぼ球形ですので、これに沿うように座標の格子を張っていきます。このように組んだ座標を球座標と呼びます。その場合は各格子が、細かく刻んだバームクーヘンのような形状になります。

自分の調べたいように座標を設定したら、各格子での物理量が時間とともにどのように変化していくかを調べるのが、次のステップです。

図56の各格子の中央に配置されている灰色の丸を使って、この位置でのプラズマガスの密度、速度や温度、磁場の強さを調べるというのが具体的な作業です。

磁気流体力学では、これらの物理量が偏微分方程式の中に入っています。「偏微分」方程式という、随分取っつきにくい言葉が出てきました。これは簡単にいうと、となりどうしの物理量の違いを見ながら、その時間変化を計算していくことと考えれば良いでしょう。

たとえばとなりの格子にあるガスがこちらに向ってくる速度の速いものであったら、やがて自らの格子内のガスもその影響で押されて速度がその向きに増加するでしょう。つまり、となりの格子との物理量の違いから、その格子での将来の物理量を計算できるということです。

数学には「微分」という概念があります。となりと物理量がどの程度違うのかを表したものが、まさにその物理量の空間方向の微分となります。将来の物理量の計算というのは、現在と将来の物理量との違いと言い換えることができ、時間方向の微分ということになります。複数の方向（ここでは空間と時間）への微分が登場するとき、その複数の1つ1つを見ていくと、「偏」微分となります。偏微分方程式を解くことにより、各場所での物理量の時間変化を追うことができるのです。

実はここまで説明してきた数値シミュレーション手法は、磁気流体力学の数値計算法のうちのメッシュ法と呼ばれるものです。空間に座標（メッシュ）を張ることからこのように呼ばれていて、他にも粒子法と呼ばれる手法がよく使われます。

プラズマガスなどの流体は粒子から構成されますが、その粒子の粒々からガスの総体の流れを調べようというのが粒子法です。ただし、現実には最新のコンピューターをもってしても、実際のイオン、原子や分子の粒々を1個1個扱うのは計算機のパワー不足のため不可能なので、多くの粒子をひとまとめにした「超粒子」を解いていく方策が取られています。

メッシュ法と粒子法には、どちらも長所と短所がありますが、太陽風を解くのにはここまで紹介して来たメッシュ法の方が好都合です。太陽風は、表面から供給されたプラズマガスが外へ流れ出て行く現象ですので、粒子法を用いると最初に置いておいた粒子は最終的に流れ出てなくなってしまいます。そのため太陽表面からの供給が必要で、そのときにどのように供給するのかで誤差が出やすくなります。

メッシュ法ではこの粒子の供給をどうするかを気にせずに、定点に張った格子での物理量の時間変化に集中して数値データを追いかけていけば良いので、シンプルになるという利点があります。

それでは、メッシュ法を利用した実際の太陽風駆動の数値シミュレーションの説明に移って行きましょう。太陽風の駆動までを見る場合には、太陽表面から開始して、太陽半径の数倍から10倍にある太陽風加速領域、そしてさらに惑星間空間までをカバーするような計算領域を設定しなくてはなりません。図56を例に取ると水平方向よりも、上方向にできるだけ広い領域で、

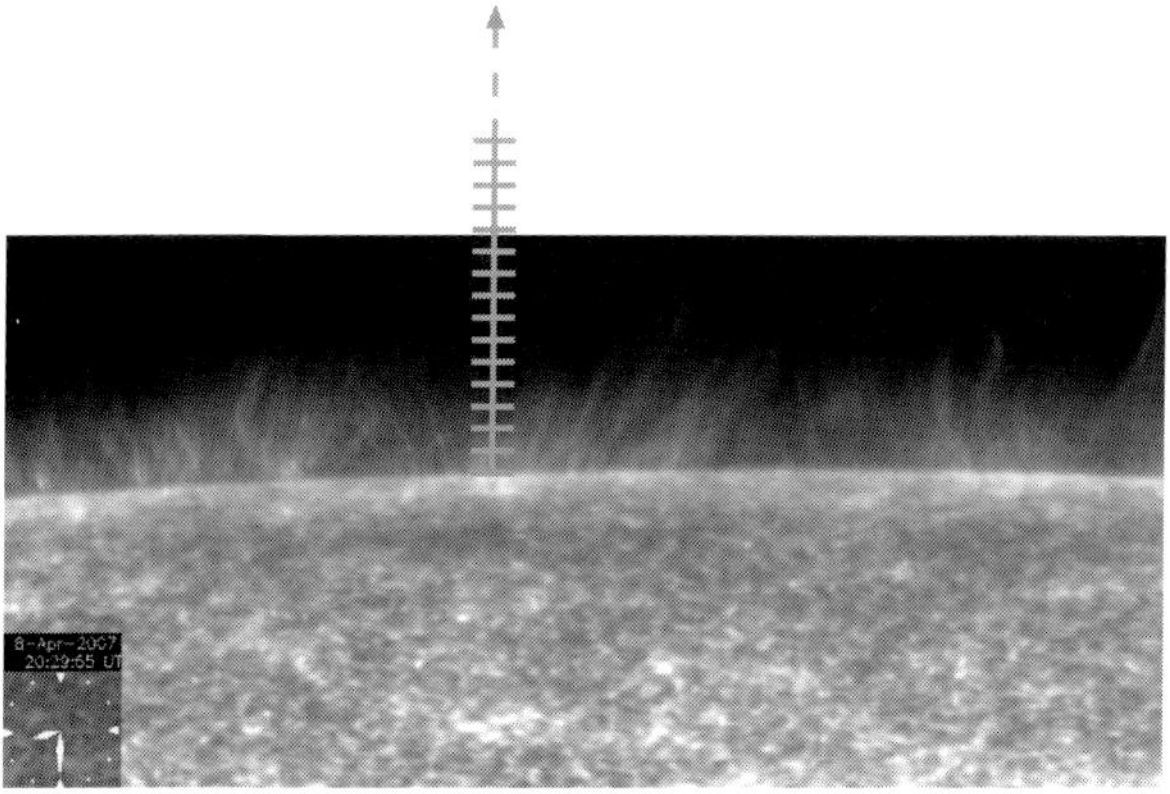

図57　太陽表面から太陽風駆動領域までをカバーするために、上下方向に多くの座標を設定します

かつ多くの格子が必要になります。

ここから、犬塚修一郎京都大学准教授（現 名古屋大学教授）と共同で取り組んできた数値シミュレーションについて、少しご紹介したいと思います。太陽風駆動領域から惑星間空間までをカバーするためには、とにかく上方向に格子の数を増やせば良いということです。その一番際立った場合が図57のようなものになります。この場合は水平方向にはもはや格子は1個しかなく、他のすべては上方向のみに配置しています。光球から伸びる一本の磁束管に着目して単純化するとこうなりました。

光球表面のガスを揺らすことによりエネルギーを注入し、この磁束管中で何が起きるか——大気が加熱されコロナとなり、太陽風が吹き出すのか——を見ようということです。

当初高温のコロナや太陽風がなかった場合でも、対流運動によって光球から磁束管をゆさぶることで、上空の加熱や流れの駆動が起きるのかを見るために、最初に静止した冷たい大気を置きます。

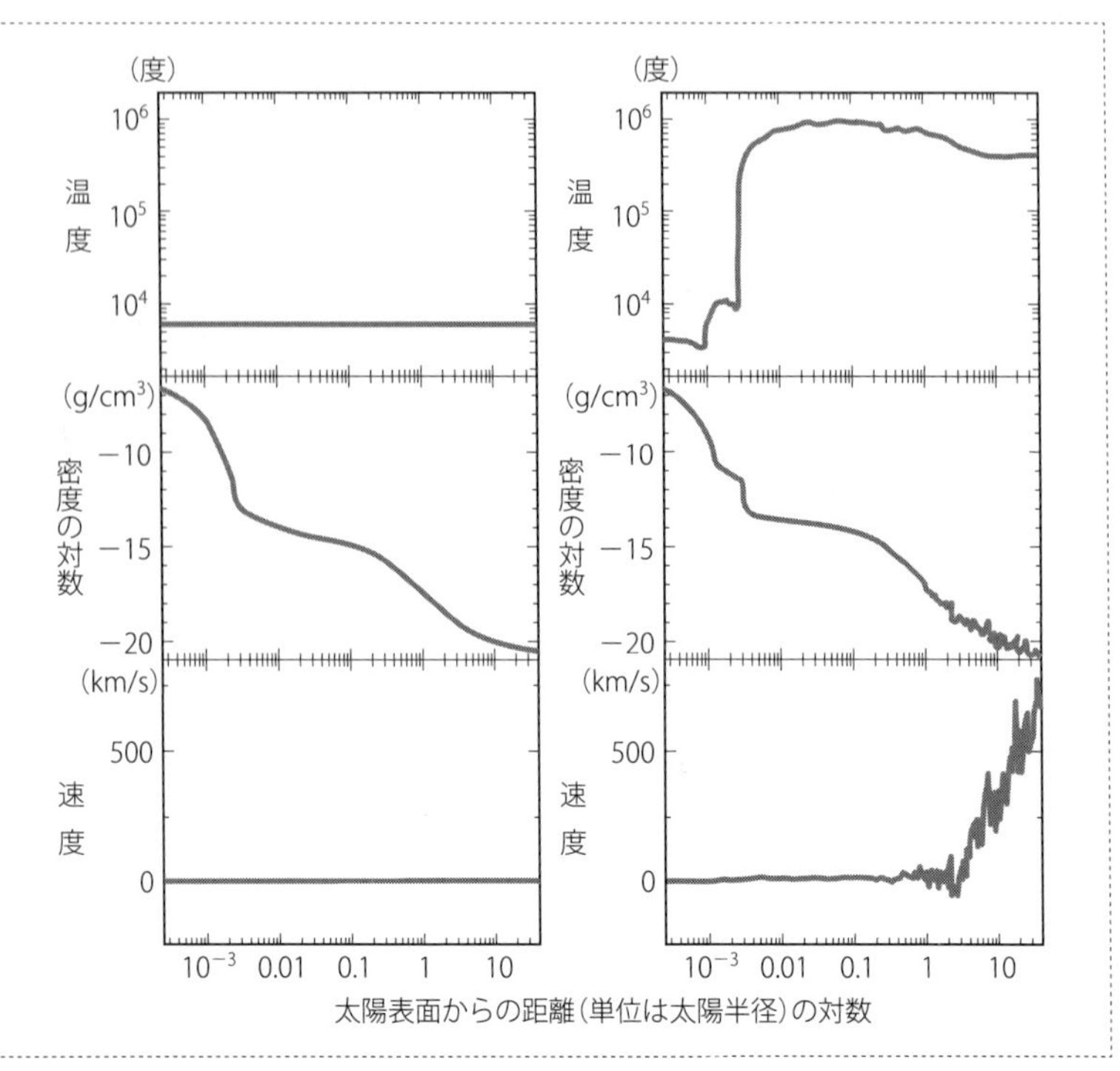

図58　太陽風駆動の数値シミュレーション。左が初期の冷たく（光球の温度である約5800度）、静止した（速度が０）大気の場合で、右が時間が経って太陽風が駆動されている状態を示しています。それぞれ３つのパネルは、上から温度、密度、速度を表しており、横軸は太陽光球からの距離を太陽半径の単位で表したものです。ただし横軸は対数で書いているので、太陽表面の近くの場所がより拡大されるようになっています

「冷たい」というのは、平均200万度のコロナの温度よりも冷たいという意味で、ここでは光球の温度である6000度弱とします。計算を開始すると、磁束管の足元の揺動により波が発生し、磁束管中を上方向に伝搬していきます。ここで発生した波動は、これまで何度も出てきたアルヴェン波です。

結果

ここからは実際の結果の解析で使った図を用いて、この研究の結果を説明しましょう。少し難しく感じるかもしれませんが、

最先端の研究の雰囲気を感じていただければ幸いです。

図58は、計算の初期（左図）と十分時間が経ち太陽風が駆動された後（右図）の、太陽大気から太陽風にかけての様子を示しています。左右の図の3つのパネルには、上からプラズマガスの絶対温度（度）、同じくガスの密度（1立方センチメートル当たりのグラム数）、太陽風の速度（キロメートル単位の秒速）を表示しています。横軸は、光球からの距離を太陽半径の単位で示しています。

太陽風の速度を除く縦軸と横軸には、通常の物差しの目盛とは違い、対数目盛が取ってあります。対数目盛は桁数の変化を分かりやすく示すために使われます。横軸に〝10のマイナス3乗とあるのは、光球から太陽半径の0・001倍離れた場所という意味で、次の目盛が〝0・01〟、〝0・1〟と続きそれぞれ0・01倍、0・1倍離れた位置になります。通常の目盛だと10のマイナス3乗の次には2×10のマイナス3乗、3×10のマイナス3乗、…と続くところ、対数目盛の場合には10倍、またさらに10倍と続きますので、1桁変わるごとに目盛を等間隔で打っているということになります。この対数目盛を使うと、横軸では太陽光球に近い場所が拡大され表示されていることになります。

3つのパネルのうちまん中の密度の図は、この対数表示を使うことでとてもわかりやすくなっています。光球での密度は10のマイナス7乗グラム／立方センチメートルですが、太陽風領域まで行くと10のマイナス21乗グラム／立方センチメートルにまで落ちます。さらに地球近傍領域まで来るともう少し密度は低下しますので、光球での値を基準にすると密度は15桁以上小さくなっているということになります。

このような急激な物理量の変化を通常の目盛で表示してしまうと、密度がまだ大きい表面近くでは変化が分かりやすいものの、外側に行くとほぼ0の目盛にへばり着いてしまいます。しかし、これを対数目盛で表示すると、密度が低い場所でもその変化を表示することができます。

それでは、図58の初期状態を太陽風が吹き出した状態と比較していきましょう。初期には冷たく止まっていた大気が、大気のかなり下層から急激に加熱され、100万（10の6乗）度程度まで上昇しています。根元から入れた擾乱のエネルギーが横波として磁束管を伝わり、ガスを加熱したのです。速度のパネルを見ると、横軸の目盛で〝1〟つまり光球から太陽半径程度上空から徐々に速度が上がり、太陽半径の40倍の場所（おおよそ0・2天文単位）で秒速700キロメートルに達しています。

音速を超えるのが横軸の目盛で2-4なので、太陽中心から測ると太陽半径の3-5倍の位置が音速を越える遷音速点ということになります。したがって遷音速点は、前述の「観測の穴」のまっただ中に位置してしまっています。しかし計算機の中できちんとシミュレートできましたので、得られた数値シミュレーションデータを詳しく調べることで、太陽風駆動によって実際に何が起きているのかを理解することができるはずです。

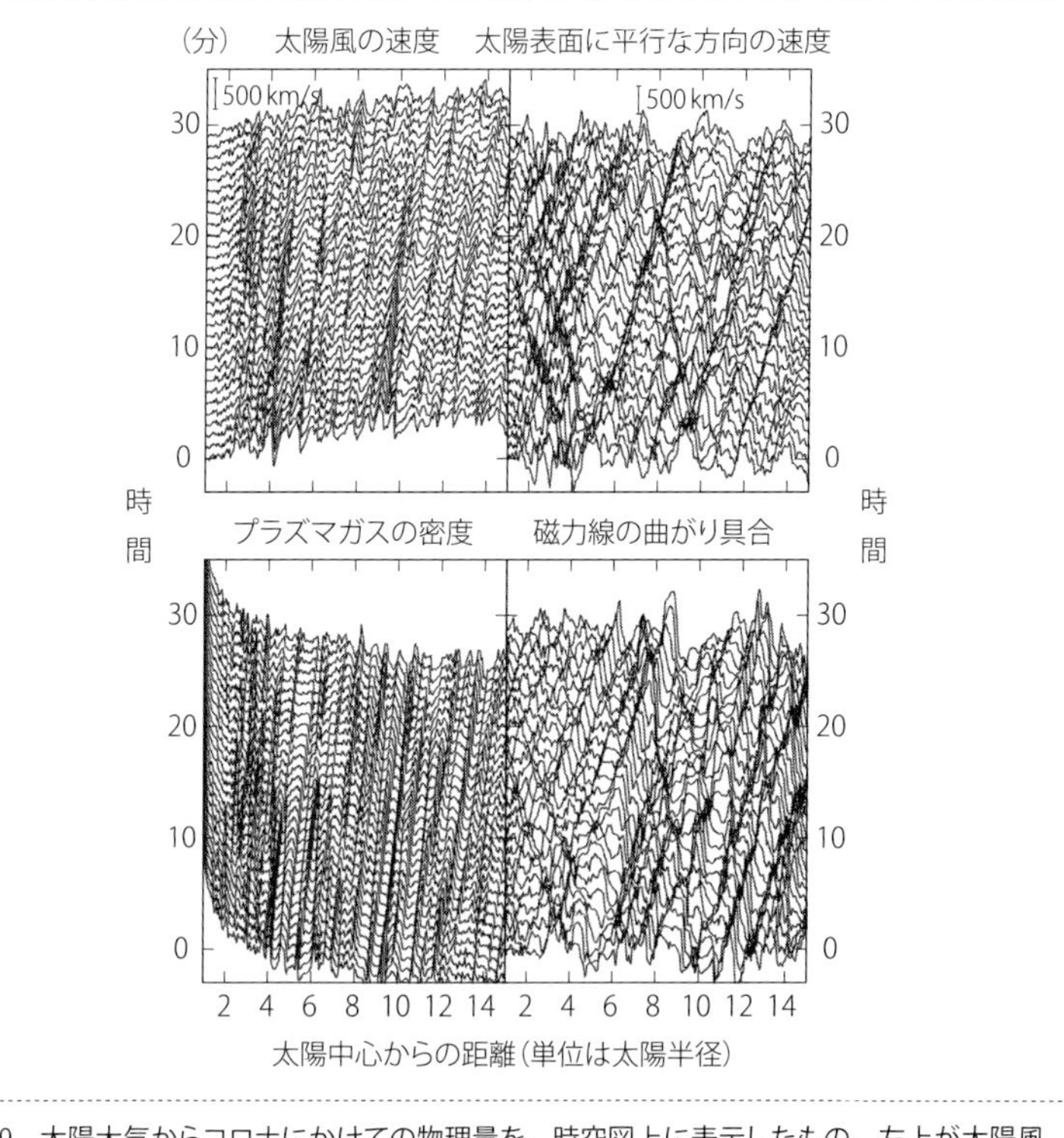

図59　太陽大気からコロナにかけての物理量を、時空図上に表示したもの。左上が太陽風の速度、左下がプラズマガスの密度、右上が太陽表面に平行な方向（太陽風の流れ出る向きに垂直な方向）の速度、右下が磁力線の曲がり具合を示しています

波の役割

数値シミュレーションのデータから、実際に波動の状況を解析した一例を紹介します。実際に光球から伝搬を開始した波が上空まで到達し、そこで減衰してプラズマガスを加熱するのかどうか調べるのが、ここでの目的です。

図59では、波の伝搬を解析するために作成した時空図（あとで説明します）です。

4つパネルがありますが、これらはそれぞれ異なる物理量に対応しています。右下は磁力線の曲がり具合を表していて、このパネルを例に図の見方を説明したいと思います。アルヴェン波は磁力線を伝搬する横波ですので、波が通過する際に磁力線の形が変わります。形の変化は磁力線の曲がり具合と考えればよく、その量を表示したのがこの右下のパネルです。横軸は太陽中心からの距離を（対数目盛ではなく）通常の目盛で表示しています。磁力線の曲がり具合の数値データをある時間から1分間隔で30分間連続で測定し、下から上へと並べたものです。こうすると、グラフの横軸には位置、縦軸には時系列データが並ぶ、時空図を作成することができます。

右上のパネルは、太陽風が流れ出る方向とは垂直方向の速度を、同じく時空図にしたものです。右下の磁力線の曲がり具合とこの垂直速度は、磁力線を伝わる横波であるアルヴェン波の伝搬の状況をたどることができます。

これら2つの図をよく見ると、左下から右上方向に走る筋が多数あることが分かります。これは、時間とともに太陽から離れる向きに進んでいますので、太陽表面から発生した横波であるアルヴェン波が外側へと伝搬している様子に対応しています。これらの波はコロナを通って太陽風駆動領域まで伝わっていることが分かります。

これら2つのパネルをよく見ると、右下から左上方向に伝わるパターンもいくつか見えることが分かります。これらは時間とともに太陽に近づいて行く波で、実は外向きに伝わる波の反射波になります。この役割については、次章でより詳しく説明します。

左側の2つのパネルは、太陽風の速度（上）とプラズマガスの密度（下）を表示したものです。太陽風の速度を見ると、太陽から離れるに従いスムーズに上昇するのではなく、各線ともガタガタとしています。ガスの密度も、おおまかには太陽から離れるにしたがって減りがちではあるものの、小刻みにガタガタしており、その構造が時間とともに動いていることが分かります。密度のガタガタは周囲の平均的な密度よりも高いあるいは低い場所があることを示しています。

さらに右側2つのパネルと同じく、左下から右上に走る何本もの筋が見えます。実はこれらは縦波である音波が伝搬していることを示しています。音波は密度の濃淡が伝搬していく波動で、これが密度および太陽風速度のガタガタを引き起こしているのです。

先に紹介したアルヴェン波は太陽表面で励起されたものが上空まで伝搬してきたものでした。一方、密度の濃淡で現れた音波に関しては太陽表面近くの領域をより詳細に調べたところ表面対流層で励起されたものがそのまま伝搬してきたものではないことが分かりました。横波であるアルヴェン波に比べて、縦波である音波は減衰しやすいという性質があるからです。光球から発生した音波は、コロナに到達する前の彩層領域で減衰し、彩層のガスの加熱に使われてしまっています。

実は図59の左側2つのパネルにある音波は、コロナや太陽風駆動領域で、アルヴェン波から新たに生み出されたものです。アルヴェン波の一部が音波に化けたということになります。どういうことでしょうか？　次ページの図60を使って説明したいと思います。

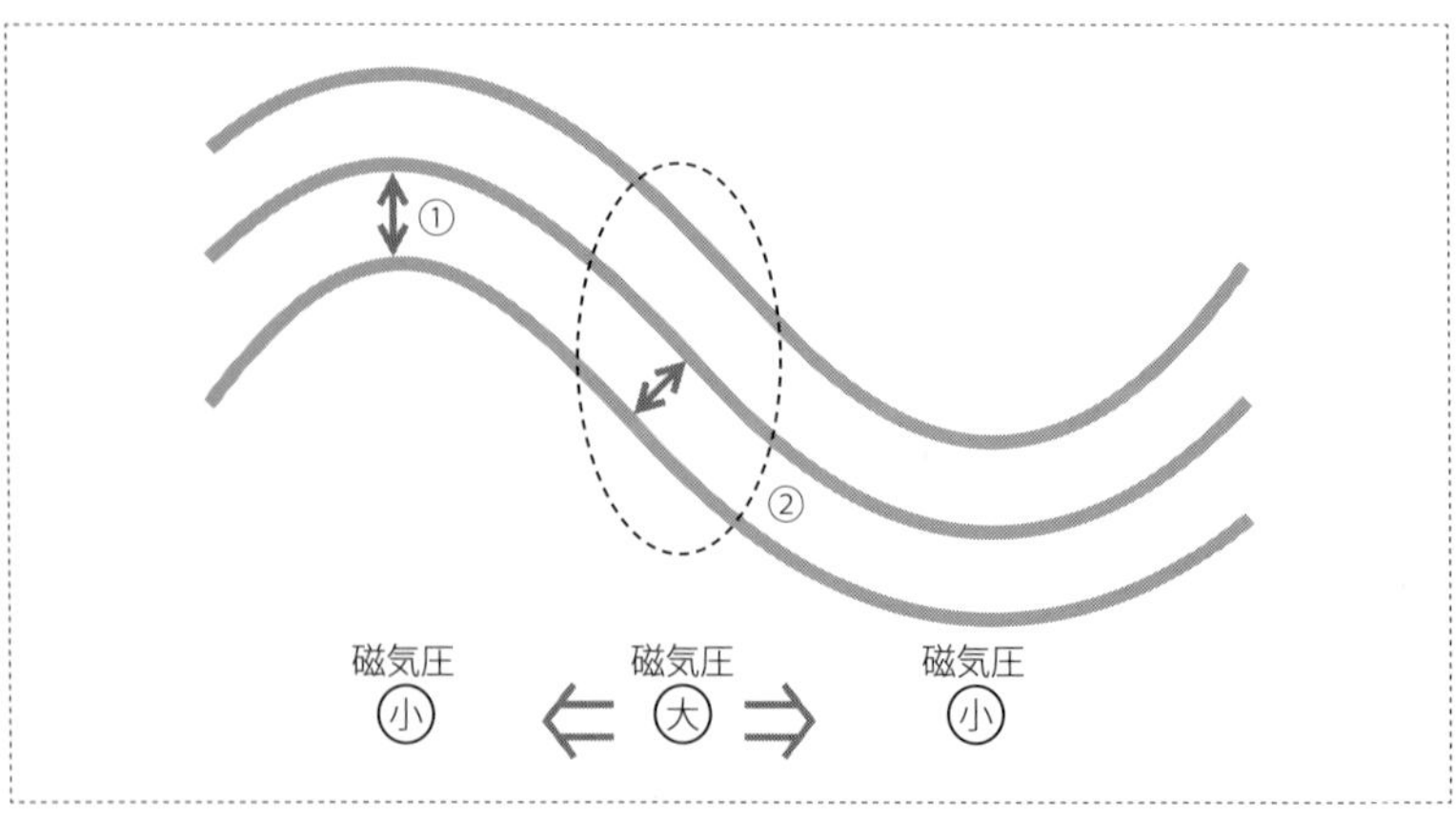

図60　アルヴェン波が伝搬しているときの磁力線の形を表しています。となり合う磁力線の間隔は、より磁力線が傾いている場所（図中の②）の方が、もともとの背景磁場の方向に向いている場所（図中の①）よりも間隔がせまくなっており、磁気圧も強くなっていることが分かります

図中の3本の線はアルヴェン波が伝搬しているときの磁力線の形を描いたものです。各場所でのとなり合う磁力線の間隔を調べてみましょう。伝搬する波の各場所で磁気圧がどのように違うかを見積もってみようということです。

アルヴェン波が伝搬していない場合は、まっすぐな横向きの磁場があることになります。このもともとの磁場の方向からもっとも傾いている場所では、となり合う磁力線の間隔がよりせまくなっていることが分かります。ここでは磁気圧が相対的に強くなっているということです。

図60では磁力線が3本しか描いてありませんが、上下方向にも同じ形の磁力線がずっと続いているとしましょう。そのとき、働く磁気圧はどのようになるのかを考えてみましょう。

磁気圧の方向は磁力線に垂直な方向です。また、力は異なる方向に分解することができます。ここで斜め方向の磁気圧を、図の横方向（波がない場合の磁力線の方向）と縦方向に分けてみましょう。3本の磁力線の上下にも同じ形の磁力線があると考えていますので、縦方向の力は上側と下側の磁力線からも同じように働き打ち消し合います。

それに対して、磁気圧の横方向の成分は打ち消し合うことができません。つまり図60の②の場所では横方向の磁気圧が残り、この場所を両側に押し拡げようとする力が働いていることになります。一方で、アルヴェン波がない場合のもともとの磁場の向きを向いている①の場所では、磁力線に平行な方向の磁気圧はそもそもゼロです。①の場所は②からの磁気圧により押されることになります。つまり図のような磁力線形状では、磁気圧の濃淡が生まれるということになります。

プラズマガスは磁場に凍結していますので、磁気圧の濃淡によりガスも押されます。図60の②の場所から周囲へと押し出すような力が、ガスにも働きます。この結果ガスの密度にも濃淡が現れ、最終的に縦波となることで音波が発生することになります。このような一連の流れで励起された音波が、図59左下の密度の分布で見えていたのです。

太陽表面からの一連の過程を、エネルギーの流れとして見ていきましょう。

表面対流の擾乱により磁束管の足元が揺動し、横波が発生し上空へと伝搬します。この波動がエネルギーを上空へと運びます。そしてコロナ中で横波の一部が音波へと化け、アルヴェン波のエネルギーは音波のエネルギーに変換されます。縦波である音波はアルヴェン波より減衰しやすいという性質があり、音波の大部分がコロナから太陽風駆動領域で減衰します。減衰し

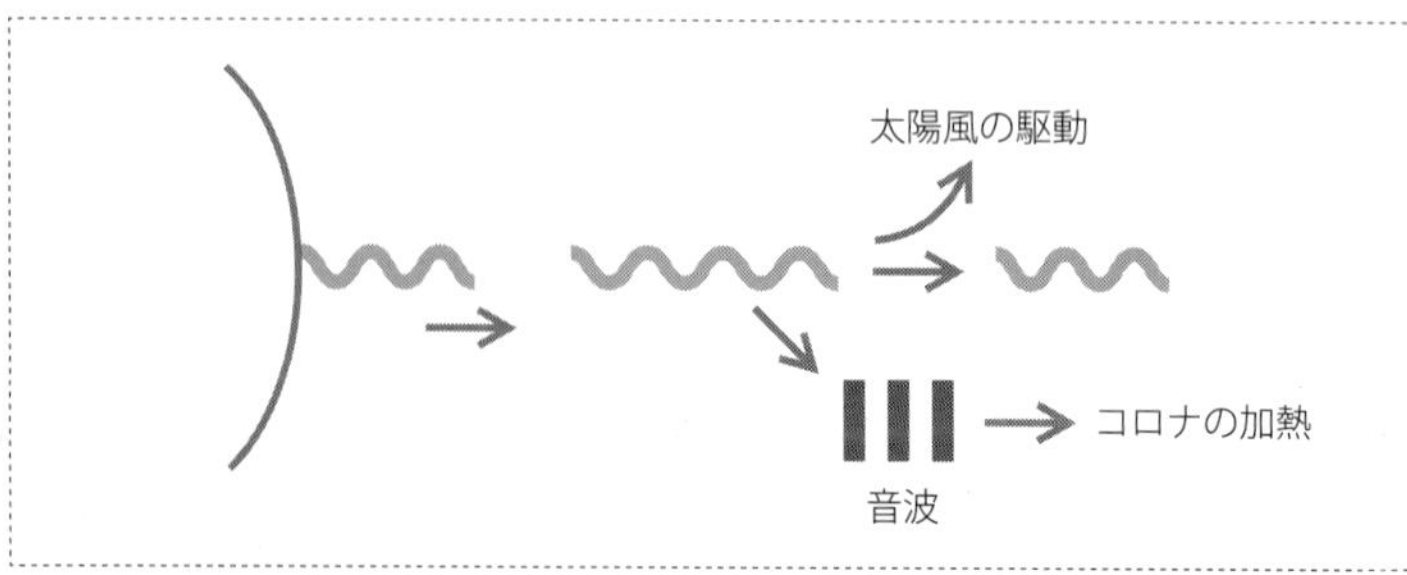

図61　磁気流体数値シミュレーションにより分かった、表面対流層から太陽風駆動までのエネルギーの流れ

たエネルギーがどこへ行くかというと、大部分がガスの熱エネルギーへと転化します。コロナの加熱に使われたということです。

コロナから太陽風駆動領域において、アルヴェン波から音波を励起するということは、アルヴェン波自体は上空へ伝搬するとともに減衰するということです。このとき、アルヴェン波による磁力線の状態は、少し前に見た図49（99ページ）のようになります。つまり低空から上空に伝わるとともに、磁場揺動の振幅は減少していくことになります。磁気揺動の振幅は磁気圧の大きさにも対応しますので、低空では上空に比べて磁気圧が高くなることになります。その結果として磁気圧による力が低空から上空へ向かって働き、この磁気圧勾配力が太陽風を駆動するように働きます。

まとめると、太陽表面から励起されたアルヴェン波が音波に変化し最終的にコロナを加熱すると同時に、アルヴェン波の減衰により太陽風を加速するということです（図61）。

コロナの温度や密度、太陽風の速度は、観測値を非常に良く説明します。表面対流層のエネルギーが磁場を通じて上空へと流れていき、最終的にプラズマガスの加熱と太陽風の駆動が行われたのです。

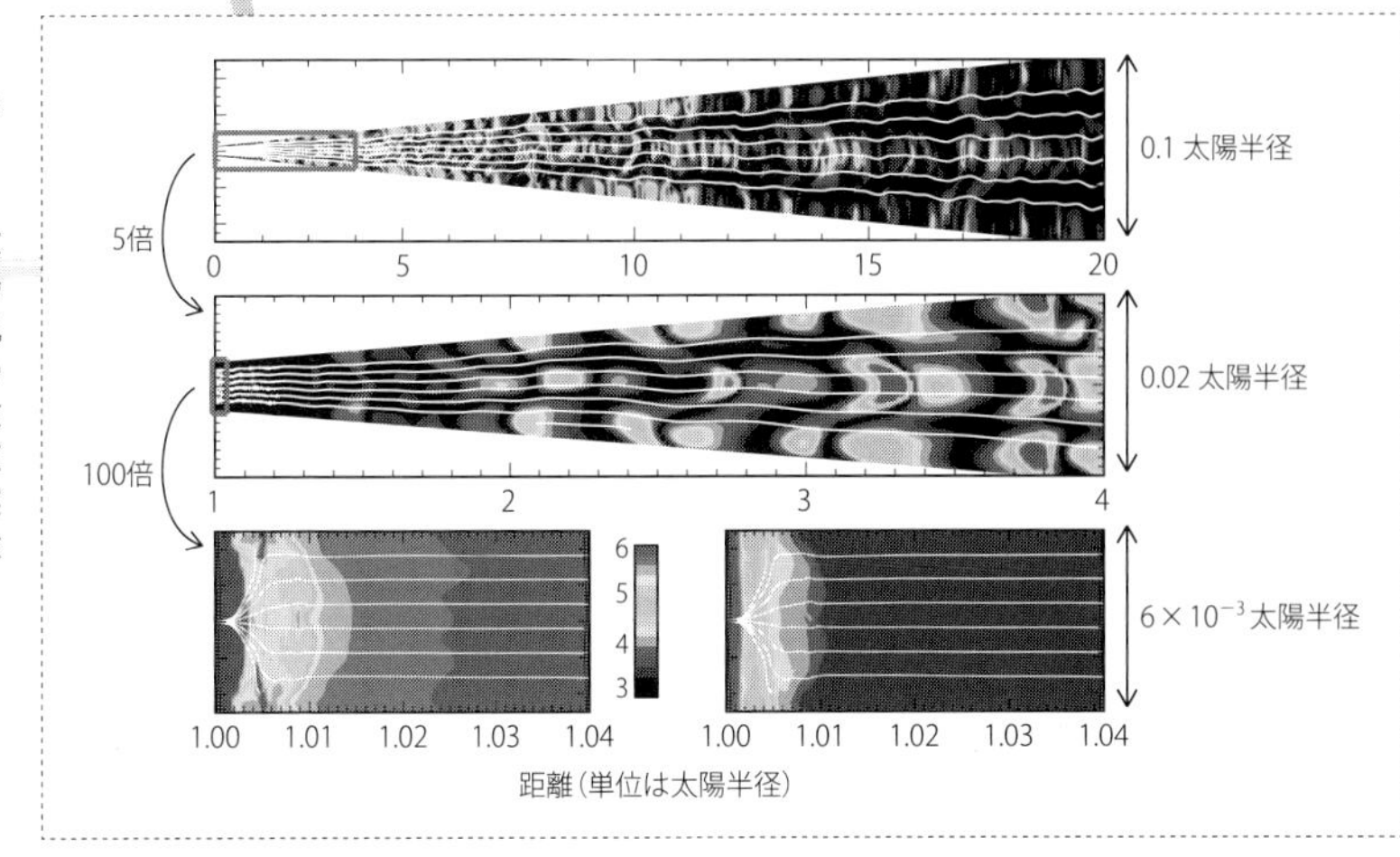

図62　複数の磁力線までカバーする磁気流体数値シミュレーションの結果。上の２枚はプラズマガスの密度の濃淡の状況を表しており、上が太陽半径の20倍（約0.1天文単位）までの計算領域を表示したもので、その下は太陽表面の近傍の領域を拡大したものです。左下は光球からコロナの下部までの温度分布、右下は同じ領域でのガスの密度分布を示しています。またいずれの図においても、白線は磁力線を示しています（Matsumoto & Suzuki, 2012, *The Astrophyskcal Journal*, 749, 8 より転載）

さらに数値実験

ただし、この結果の解釈には注意が必要です。1本の磁束管中のエネルギーの伝わり方の数値シミュレーションの結果を解釈したためで、実際にはとなりの磁束管とのエネルギーのやり取りもあるからです。1本の磁束管の数値シミューレションに取り組んだのは2000年代初頭で、その際は計算機パワーの制限もありこのように簡単化したのですが、その後複数の磁力線をカバーする数値シミュレーションを行うことも可能となりました。

図62は、松本琢磨博士（名古屋大学、当時（現国立天文台））と行ったそのようなシミュレーションの結果です。

上2つのパネルは密度の濃淡の状況を表示しま

す。となり合う磁力線上では濃淡のパターンの状況が違っていますが、これはこれらの磁力線上の密度がそれぞれ異なっていることを示しています。1本の磁束管のみを解く計算ではこの違いを取り入れることができておらず、となり合う磁力線で状況がすべて同じであることを仮定していたことになるので、この新しい数値シミュレーションで改良が施されたということです。

となり合う磁力線でガス圧や磁気圧の状況が異なると、となり合う磁束管どうしの押合いへし合いが起こり、ランダムな流れが引き起こされることもあります。これを磁気乱流と呼び、このような磁気乱流状態のガス中ではアルヴェン波の減衰、そしてガスの加熱が促進されます。音波への一部転化に加えてこの過程もコロナ加熱における重要な役割を担うと考えられ、世界的にも議論されています。

ここで挙げた音波の生成と磁気乱流以外にも、アルヴェン波の減衰機構はいくつもあります。どの機構がどの場所で効果的になるのかに関する研究はまだ確定されておらず、最先端の研究課題として取り組まれています。

数値シミュレーションとバグ取り

Column

数値シミュレーションを行うには、シミュレーションを実行するためのプログラムを作成する必要があります。プログラミング言語と呼ばれるある種の規則に従い、アルファベット、数字や記号を使って我々人間がプログラムを書いていきます。プログラミングは人間がやる作業ですので、単なる誤字脱字から見込み違いや思い違いなどによる間違いなど、プログラムにはさまざまなミスが混入します。プログラムに混入している欠陥や間違いを業界用語で「バグ」（もともとは「虫」の意味）と呼びます。非常に短い数行のプログラムであれば作成後そのまま意図どおり計算を実行させることができることもありますが、通常作成したてのプログラムがそのまま当初の予定どおりすんなり実行できることはまずありません。私はこれまで約20年プログラミングを行って研究に取り組んできました。しかし、プログラムの長さが数十行を超えたもので意図どおり一発で実行できたことは一度もありません。数値シミュレーションに取り組む研究者は日夜「バグ取り」に没頭することになるのです。

作成したプログラムがうまく実行できず、不正な結果を返したり計算が意図とはまったく違うように進んだりすると、やはり悲しい気持ちになります。絶望感に打ちひしがれることもあります。

しかし数値シミュレーションのプログラムのバグは、「必ず修正できる」という面もあります。プログラムでやっていることは、物理に基づいた数式を解くことです。複数の数式が複雑に絡み合うと解析的に答えを導くことは無理です。しかし、部分毎に分けると、それぞれの式の各々の項に対する解析解を手計算により紙の上で導くことができ、それらがどのような答えを与えるべきであるかを予測することができます。長いプログラムを部分に分けてコンピューターに実行させた答え（数値解）と解析解を見比べることで、プログラムのどこにバグが潜んでいるのかを突き止めることができます。

プログラムのバグ取りは長く厳しいものになることが多いものの、数式とプログラムを切り分けながら一つ一つ犯人を追い込んでいく作業は熱中しやすい楽しい作業でもあります。パズルを解いたりするのと同じような感覚と言えば分かりやすいでしょうか。そしてバグがすべて取れて、シミュレーションがすっきりと動くのを確認したときの達成感は格別で病みつきになります。

134ページでは我々が取り組んできた太陽風の数値シミュレーションについて紹介しました。図58で紹介した1本の磁束管のシミュレーションでは、おおよそ3000行程度のプログラムを作成しました。図62で紹介したような複数の磁束管を同時にカバーするシミュレーションでは、1万行を超えるものになります。

プログラムが長大になればなるほど、我々がバグと格闘する時間も長くなります。

1本の磁束管の数値シミュレーションをしたのは2000年代前半、私が20代後半の頃のことです。約3000行のプログラムを部分部分に分けながら徐々に組み上げていくので、プログラムを「書く」部分だけは正味5日程度で終わりました。しかしここからバグたちとの長く厳しくも、楽しい戦いが始まりました。単なるタイプミスから私の誤解による深刻なものまで、100を超えるバグを取り除くのに1年半近くを要しました。

一番最後に発見し修正したバグは、なんと＋（たし算記号）と－（ひき算記号）の間違いという単純ミスでした。これもプログラムを部分毎に分けることにより、ようやく見つけられました。

この最後のバグを修正する前、太陽風のシミュレーションをすると、大気のガスは吹き出さずに上空から落下してきていました。表面からエネルギーを注入しているにも関わらず、エネルギーが素直に外に向かうのではなく落下してきているので、かなりおかしな話です。が、実は私はこれは大発見ではないかと思ったりもしていました。

これは冗談みたいな本当の話ですが、この間違った数値シミュレーションの結果を踏まえて「いま現在、太陽の大気は太陽風として流れ出ているが、そのうち落ちてくるかもしれない」という内容の論文を書こうと思っていました。

実は、この数値シミュレーションに取り組んだ当時、私はかなり追い込まれていた状況にありました。私はポストドクター研究員という、契約期間が3年で更新はなしという身分の職に就いていたからです。

太陽風の数値シミュレーションをはじめたのは3年の任期の1年目の後半でしたが、最後のバグが取れて計算機の中で太陽風が吹き出し始めたのは任期の最終年の3年目に入ってからでした。特に2年目の後半あたりからは、次の職の当てがないまま研究成果も出ていないという状況で、ジワジワ追い込まれつつある心持ちになっていきました。そんなこんなで、右で述べた「冗談みたいな本当の話」

の顛末になった次第です。

が、何とか最後のバグが取れて研究結果をまとめた論文も発表し、次の職にもつながりました。首の皮一枚でつながった感があります。プログラムのバグが取れたおかげで大学の教員になり、研究を続けることができているということかもしれません。

「あかつき」の観測

太陽表面から太陽風が流出する惑星間空間までの磁気流体数値シミュレーションを行い、特に観測の穴となっていた領域でどのようにエネルギーが伝わって行くのか、数値データを詳細に調べることできるようになってきました。しかし数値データはあくまでも理論計算にもとづくものなので、やはり実際の観測値との比較をしたくなります。

実は「観測の穴」である太陽中心からの距離が太陽半径の3－10倍の場所での太陽風の観測が、私の知る限り一例ありました。この観測は金星の大気や気候の調査のために打ち上げられた宇宙探査機である「あかつき」によるものです。「あかつき」のターゲットは金星なので、太陽風の詳細にわたる観測が行われると知ったときは私も非常に驚きました。次に述べるような不運と幸運が重なり、太陽風が観測されたという経緯があります。

「あかつき」は２０１０年5月、種子島宇宙センターから打ち上げられ、２０１５年12月に金星の周囲を回る軌道の投入に成功し、現在金星の人工衛星となり金星大気の観測で活躍しています。

当初は打ち上げの約半年後である２０１０年12月に金星の周回軌道への投入が予定されていました。しかし、この第1回目の軌道投入には失敗しました。その結果「あかつき」は金星の

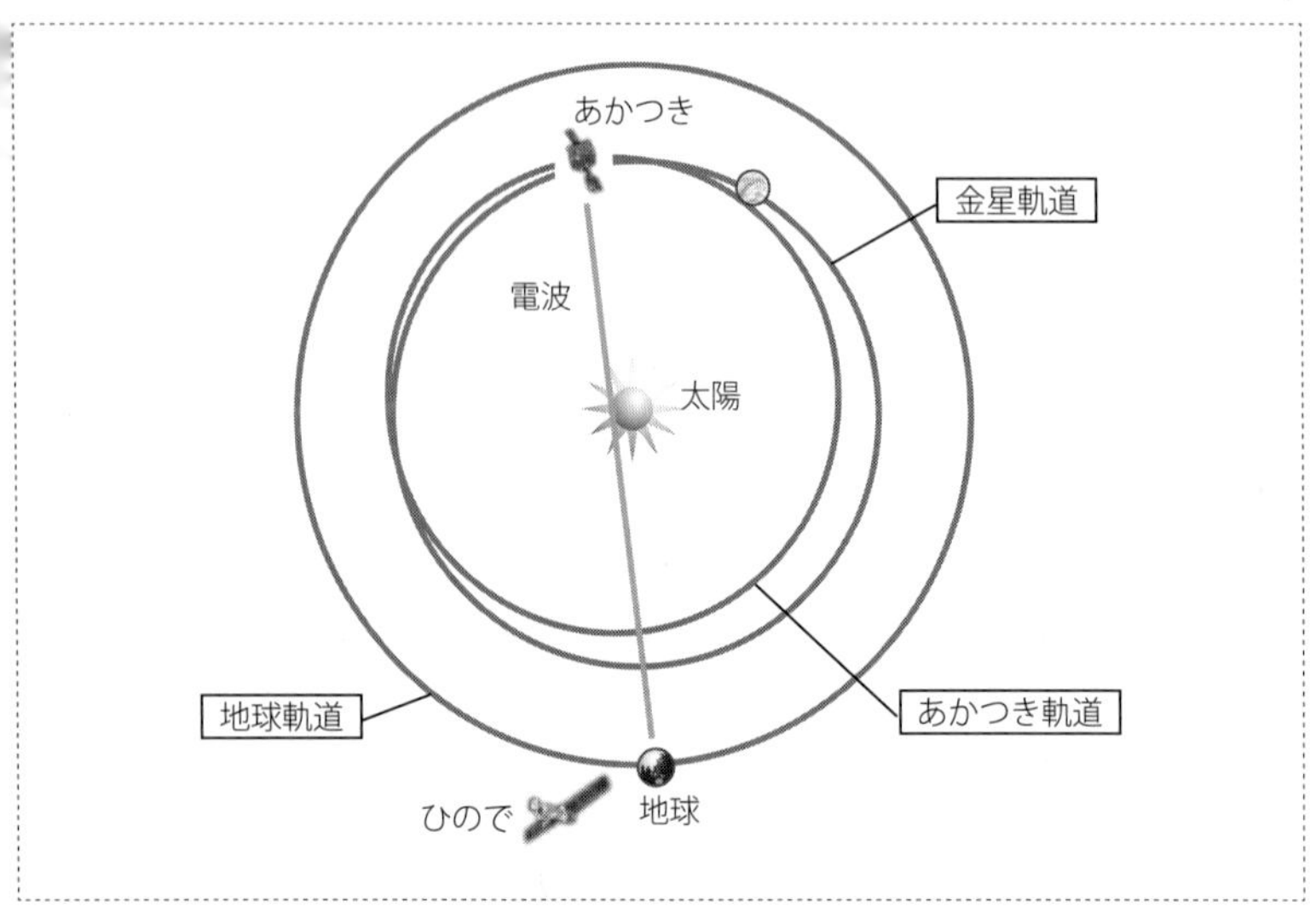

図63　2011年６月か７月頃の「あかつき」、太陽、金星、地球の位置関係（http//www.jaxa.jp/press/2014/12/20141218akatsuki.j.html より転載）

周囲ではなく、地球と同じように太陽の周囲を回る「人工惑星」となってしまったのです。

こうなると恒常的な金星の観測は困難になってしまうのですが、別のものを観測する機会ができたことにもなります。ＪＡＸＡ宇宙科学研究所の今村剛准教授（当時。現 東京大学教授）らの研究グループは、この機会を利用して太陽コロナから太陽風にかけてのプラズマガスの観測を行いました。

２０１１年6月-7月頃、「あかつき」、太陽、地球の3者がこの順でほぼ一直線に並ぶ機会がありました（図63）。「あかつき」も我々の地球も太陽を周回していますので位置関係は日々変わり、地球から見た状況は図64の(a)と(b)のようになります。この図64のような状況にある「あかつき」と地球上の我々の間には、コロナや太陽風プラズマガスが存在していることになります。

こうなると「観測の穴」の節で紹介した、惑星間シ

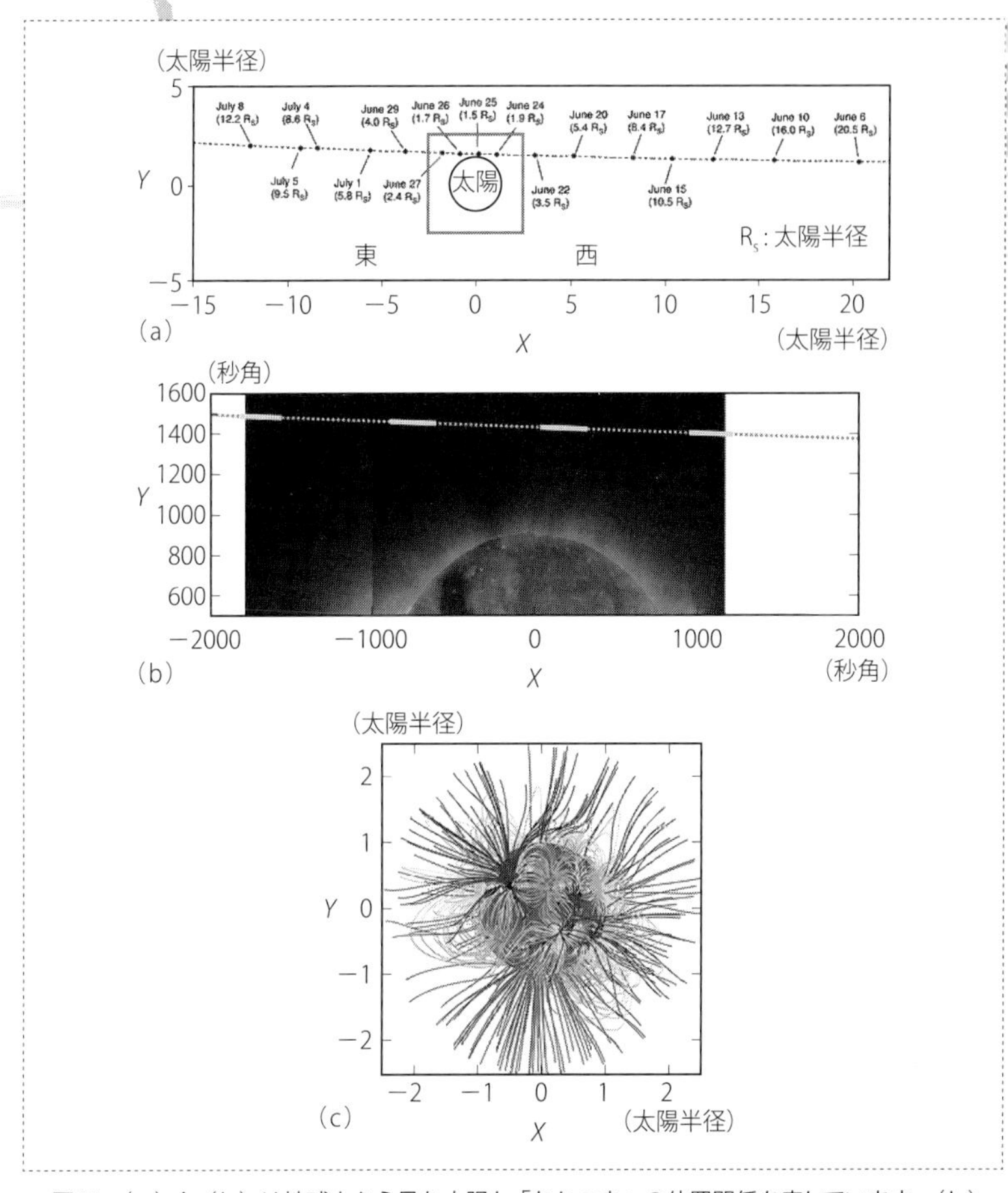

図64 (a)と(b)は地球上から見た太陽と「あかつき」の位置関係を表しています。(b)の太陽は「ひので」X線望遠鏡から得られた観測画像です。(c)は米国キットピーク太陽望遠鏡から得られた表面の磁束密度をもとに、太陽大気までの磁場構造を描いたものです(Imamura *et al.*, 2014, *The Astrophysical Journal*, 788, 117より転載)

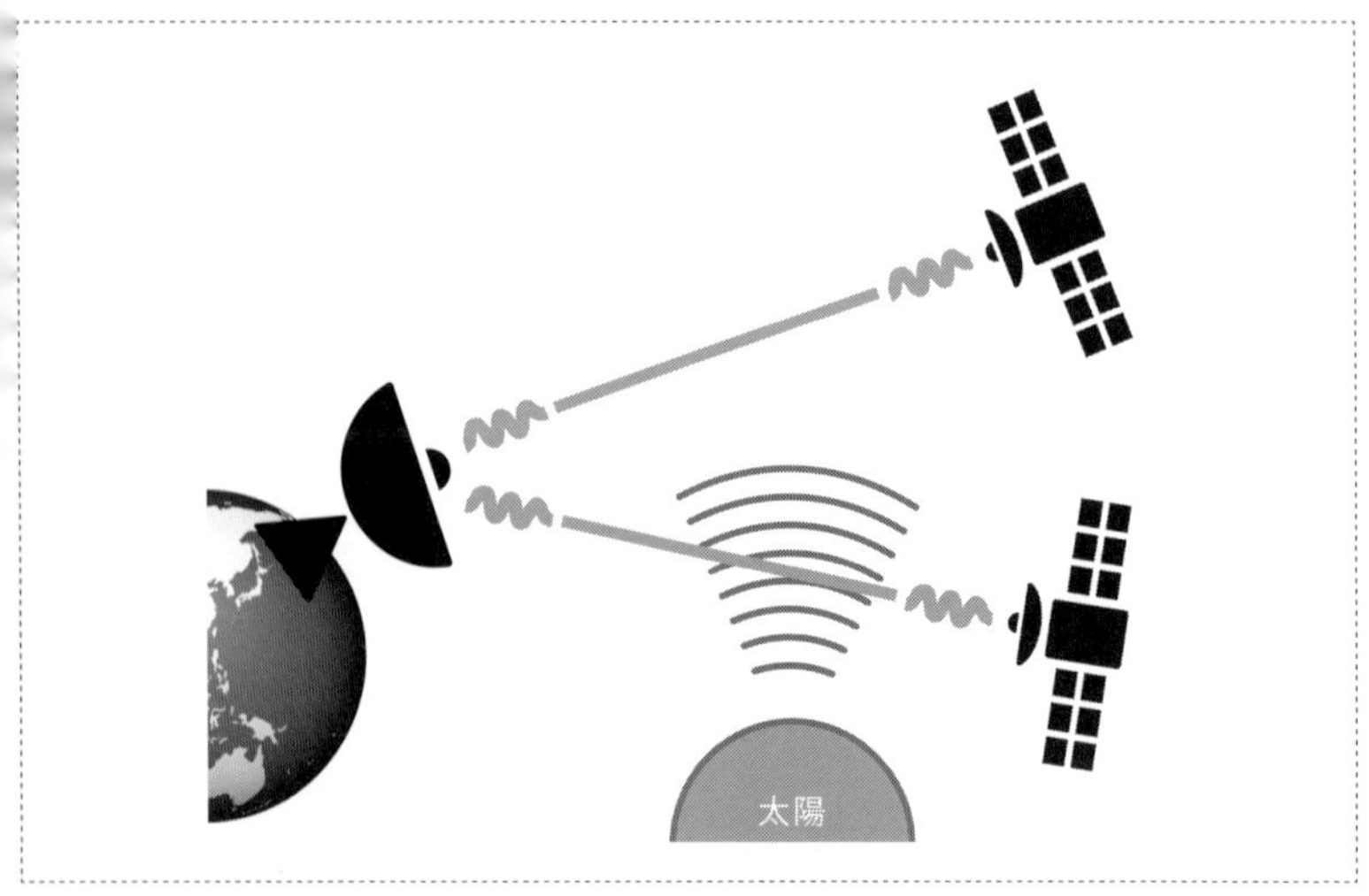

図65 「あかつき」を電波光源として利用した、惑星間シンチレーション法による、太陽風プラズマ計測の模式図（http//www.jaxa.jp/press/2014/12/20141218akatsuki.j.html をもとに作成）

ンチレーション計測の方法が使えます。従来の方法では天の川銀河系外にある電波星を光源としていました。もし「あかつき」を電波源として用いることができれば、同種の計測ができることになります。

実は「あかつき」は金星大気観測のために、一定の波長の電波を安定して発することができる機器「超高安定発振器」を搭載しています。この発振器から電波を我々に向けて放射すると、地球に到達する途上で太陽風中のプラズマガスの密度の濃淡の影響で我々が受ける電波信号がまたたき、太陽風の状況を計測することができます（図65）。

プラズマガスの密度の濃淡が、太陽風に乗って流れているのを観測することにより、これまで「観測の穴」となっていた領域での太陽風の速度の加速の状況が分かります。

またこのシンチレーション観測では、ガス密度の濃淡を測定していて、この密度の濃淡はまさに粗密波で

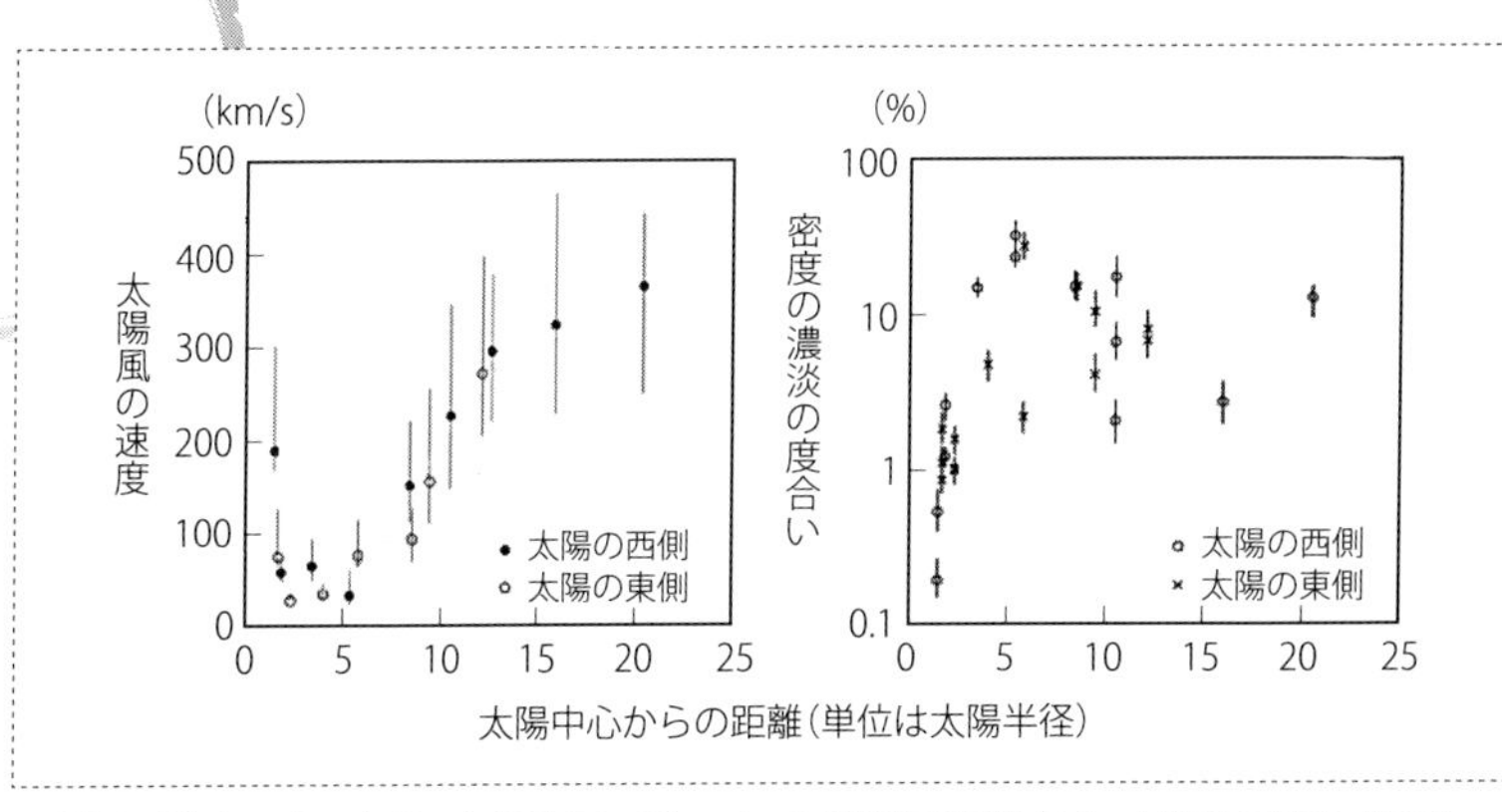

図66 「あかつき」を用いた電波シンチレーション計測から得られた、太陽風の速度（左図）と密度の濃淡の度合い（右図）（http//www.jaxa.jp/press/2014/12/20141218akatsuki.j.html より転載）

ある音波が主要な起源となっています。密度の濃淡の度合いから、どの程度のエネルギーを持つ音波が、コロナから太陽風にかけての領域に存在しているのかを知ることができます（図66）。ただしこの観測から得られた結果を、前節で得られた数値シミュレーションの結果と比較するときには、注意も必要です。

太陽風プラズマは基本的に磁力線に沿って流れ出していくものの、図66にある太陽風の速度や密度の濃淡の観測は、磁力線に沿って得られたものではありません。「あかつき」と地球の位置関係は太陽との引力、つまり力学で決まり、その結果図63および図64のような状況になります。観測する場所は我々は自由に選べないのでこの状況はいかんともしがたいのですが、図66の横軸は太陽風の流れに沿って得られたものではなく、異なる太陽風の流れから得た観測データをつないで得たものであることは念頭に置いておく必要があります。

しかしながら、従来の「観測の穴」の領域を埋めるようにデータを取得できたこの観測は非常に素晴らしいものです。図66の右にある密度の濃淡の度合いの観測結果は、太陽風中のプラズマに少なからず音波が存在することを示しています。

数値シミュレーションのところで、アルヴェン波の減衰の仕方に複数のメカニズムがあり、どれがどの場所で効果的に働くのかはまだよく分かっていないと説明しました。しかしこの「あかつき」が捉えた密度の濃淡は、私たちが一本の磁束管に限定するという簡単化をしたシミュレーションで示した、アルヴェン波による音波の励起というプロセスが少なくとも太陽風中で起きていることを示していると解釈できます。

ただこのことは、他のアルヴェン波の減衰機構が起こっていないことを示しているわけではありません。どの機構が効果的に働いているかを調べるためには、他の減衰機構の痕跡も地道に調べ比較検討していくことが必要です。

たとえば理論面からの研究として、先に述べた磁気乱流の影響を、となり合う磁束管だけでなく、奥行方向にある磁束管の影響も取り入れた数値シミュレーションを行い調査することが挙げられます。

このような数値シミュレーションは非常に大規模なものになるため、数年前まではスーパーコンピューターをもってしても100年以上かかるような状況で、事実上行うことができませんでした。しかしながら、昨今の計算機能力の向上により、数か月スーパーコンピューターに計算させれば結果が出せるような状況になりつつあります。

また観測面からの研究としては、現在太陽に向けて飛行を続けている宇宙探査機「パーカー・

ソーラー・プローブ」による「その場観測」が、これから2020年代後半にかけて、詳細な観測データーを取得していく予定です。波や乱流の様子を実際に計測することにより、どのようにアルヴェン波が減衰しているのかを決定できるものと、おおいに期待されています。

太陽風駆動に関する研究は、2020年代に理論、観測的手法の両面で飛躍的に進展することが見込まれます。

5章

太陽の進化と惑星への影響

——昔の太陽・未来の太陽・ほかの太陽

ここまで現在の太陽でのコロナや太陽風の話をしてきました。太陽は現在おおよそ46億歳です。そして今後50-60億年間は、中心核で水素からヘリウムを融合する反応により輝く主系列星のまま過ごします。その後は半径が膨張し赤色巨星となり、さらに10億年以上は恒星として輝き続けると考えられています。

では太陽は一生の中で、コロナや太陽風の状況はどのような変遷を辿るのでしょうか？　太陽コロナ起源のX線は地球にも照射されており、太陽風プラズマは地球にも吹きつけています。太陽コロナと太陽風は地球の環境にも影響を及ぼすため、それらの状況の変遷は地球や地球上の生物の進化にとっても重要な要素となります。

太陽の進化

コロナや太陽風の時間進化を考える前に、まず太陽自体の進化についての説明から始めましょう。太陽の現在の進化段階である主系列星は、一般的な恒星の寿命において全期間の約9割を占めます。その期間中恒星の中心核では水素からヘリウムを融合する反応により、安定してエネルギーを供給し続けます。主系列段階にある星は、急に光度が上下することや、半径が急膨張、急収縮することなく同じように輝き続けます。

主系列段階で光度や半径の急変はありませんが、長い期間でみると緩やかな変化はあります。現在の太陽は、おおよそ100億年間過ごす主系列段階のちょうど中盤に差し掛かったところです。主系列初期から現在に至るまでに光度がおおよそ2-3割上昇してきたと考えられています。

光度が緩やかに上昇する原因は核融合反応にあります。核融合反応では4つの水素原子核が1つのヘリウム原子核に融合されますので、粒子数で考えると4個が1個に減少します。ガスの圧力は粒子数に比例するという関係があるため、この反応が起きるとガスの圧力が減少します。

恒星が自らの重力で潰れてしまわないのは圧力で支えているためで、ガスの圧力が減少すると支えが十分でなくなり中心核が収縮します。自転車のポンプで空気を押し込むときと同じように、気体は圧縮されると温度が上がります。星の中心核でも収縮により温度が上がり、このことでガスの圧力が重力に対抗するレベルまで回復されます。

核融合反応は周囲のガスの温度が高くなればなるほど促進されます。このため中心核領域の収縮は核融合反応を促進させ、出すエネルギーの量を増加させます。ここで取り出すエネルギーが星が出す光になりますので、核融合反応の促進は光度が上昇することを意味しています。

ここまでの説明は恒星の進化の理論計算にもとづくものです。この際に星が完全な球形としていることや、進化とともに質量が減少する効果が非常に小さいことが仮定されています。

星が高速回転し遠心力により扁平になっていたり、恒星風による質量の損失の影響が無視できない（1章の21ページ参照）場合は、主系列初期段階より2－3割明るいという「2－3割」の部分が少し異なる可能性はあります。しかしこれが10割（つまり光度が2倍）を超えたり、逆に現在の方が光度が暗いということはおそらくないと考えられています。

太陽コロナと太陽風の変遷

太陽そのものの時間進化に対して、太陽コロナや太陽風の状況の変遷には、大きな不定性があります。コロナから放射されるX線の明るさや太陽風の流量は、理論的にはほとんど分かっていません。観測・実験的にも非常に大きな不確定性があります。コロナや太陽風の時間進化を、観測・実験的に求める方法は、おおきく2つに分けられます。

1つめの方法は、我々の太陽系の天体に残る痕跡を調べる方法です。もう1つの方法は我々の太陽ではなく、太陽に似た恒星たちを観測しそこから太陽の時間進化を推測するという方法です。それぞれの方法を、順を追って見ていきます。

太陽系天体に残る痕跡

コロナ質量放出や太陽風は、太陽系内の惑星、衛星や小天体たちに吹きつけます。地球のように磁場があり周囲に磁気圏を有する天体では、荷電粒子の塊である太陽風のプラズマ物質が直接表面に届くことはありません。しかし、月のように強い磁場を持たない天体の表面にはプラズマ粒子が直接降り注ぎ、土壌に蓄積されます。つまりこのような天体の土壌には、過去か

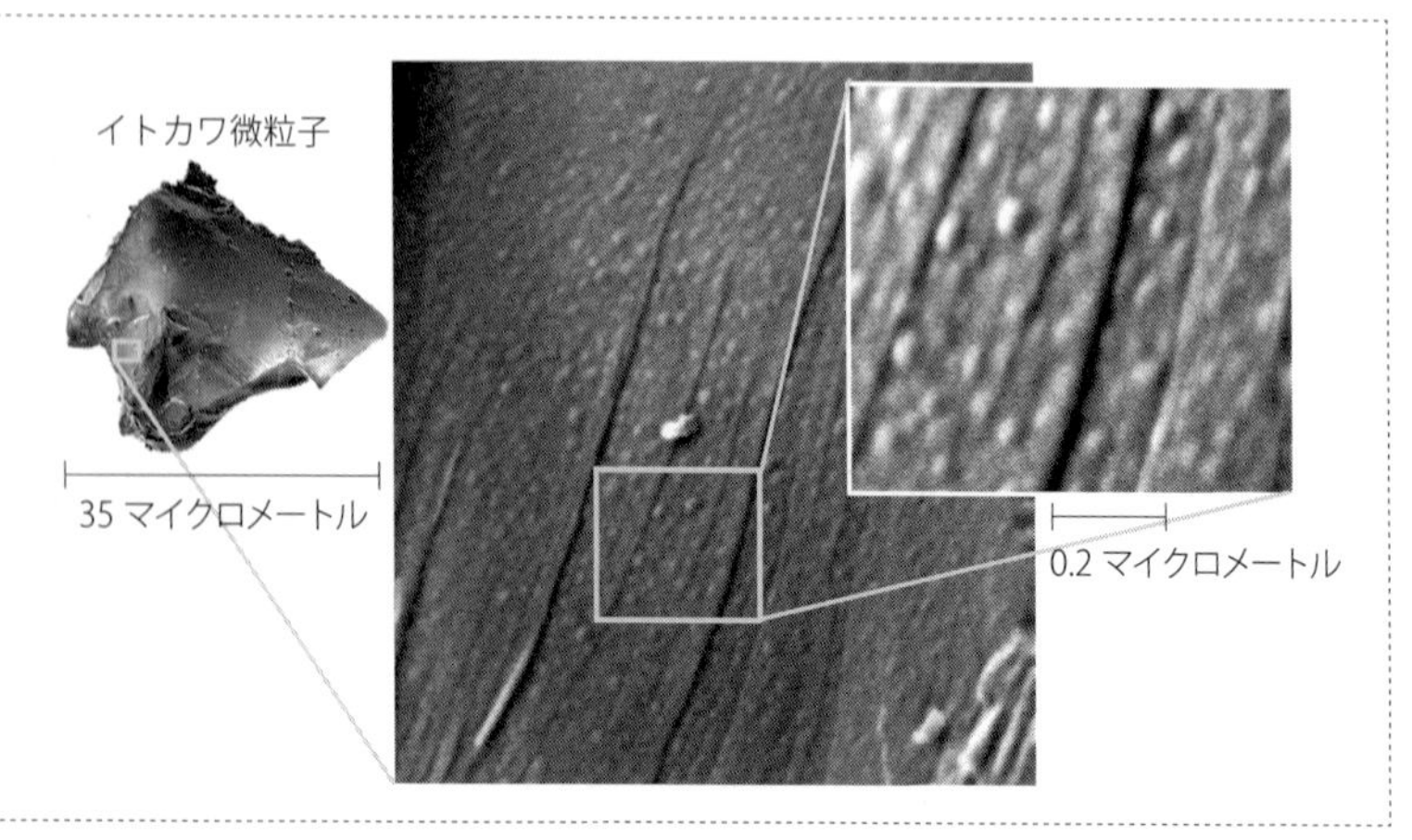

図67　イトカワの微粒子に残る宇宙風化の影響。微粒子表面にブツブツしたものが見えます。これは太陽風に含まれる水素イオンやヘリウムイオンが入り込み、泡構造を作ったものです。1マイクロメートルは1メートルの100万分の1です（http//www.isas.jaxa.jp/topics/000281.html より転載）（JAXA）

ら現在までの太陽風の情報が残っていることになります。

１９６０年代から70年代にかけてのアポロ計画による月有人探査では、月の土壌も持ち帰っており、過去の太陽風の状況を知るための研究も行われています。

２０１０年地球に帰還した小惑星探査機「はやぶさ」は、小惑星イトカワの微粒子を持ち帰りました。微粒子の表面には、おもに太陽風の影響である宇宙風化の影響があります（図67）。

このように太陽系天体の土壌から、これまでの太陽風の痕跡を直接調べることができますが、さまざまな困難もあります。天体の土壌にはこれまでの太陽風の影響がすべて蓄積されていて、いつの時代の太陽風がどの程度寄与しているのかという時間的な分離は現状ではなかなか困難です。またこれでは、将来の太陽風の情報を得ることができません。

太陽型星の観測

コロナや太陽風の変遷を知るためのもう1つの観測・実験方法は、他の恒星たちを観測することです。この方法は直接太陽の状況を引き出すのではなく、間接的な方法です。しかし、過去だけでなく将来に渡る太陽の時間進化に、何らかの指針を与えてくれると考えられます。

星の一生を決めるもっとも重要な要素は、その質量です。同じような質量の恒星であれば、同じ時期に同じような光度で輝き、その後赤色巨星に進化し、同じような寿命で最期を迎えます。天の川銀河の中には、太陽と同じような質量を持ち、同じような光度で輝く星たちが複数存在しています。

太陽と同じような質量を持つ恒星を、太陽型星と呼びます。天の川銀河にある太陽型星には、若いものから年老いたものまでさまざまなものがあります。それらの恒星たちのX線の光度や太陽風の流量を測定することができると、それらは我々の太陽の若い頃や、将来迎える年老いた後のコロナや太陽風の状況と似かよったものとなっていると予想されます。

恒星そのものの進化に比べて、周囲のコロナの成因や恒星風の駆動機構が理論的に確立されているわけではないので、太陽型星のコロナや恒星風が太陽コロナや太陽風と似ている保証は実のところなく、その点は注意が必要です。が、他の観測・実験的情報が非常に少ない中で、

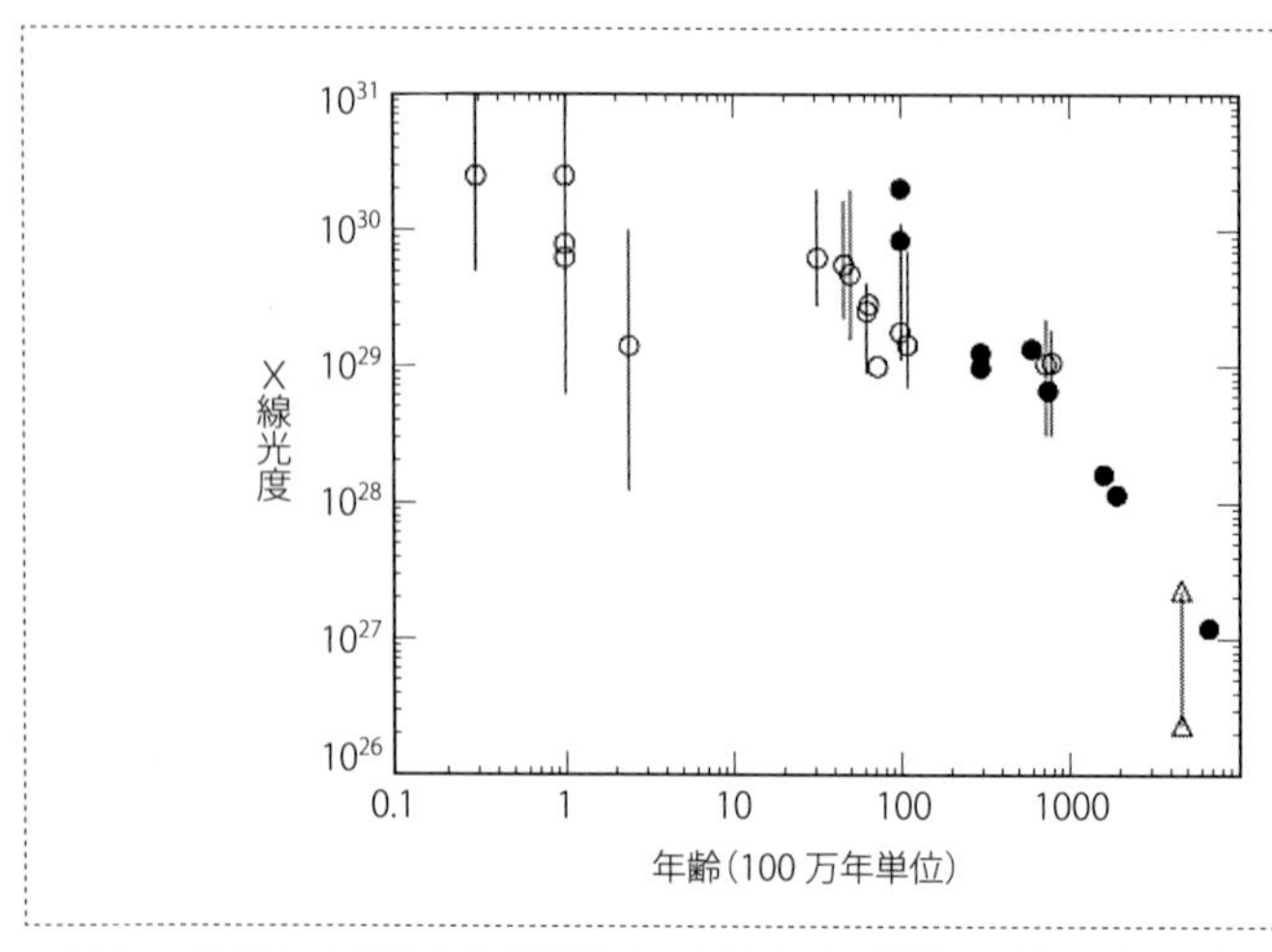

図68　太陽型星のＸ線光度（縦軸）を、星の年齢（横軸）に対して表示した図。縦軸、横軸ともに対数目盛を取っています。右側の中抜き三角印は太陽のＸ線光度を示しています。２つあるのは、大きい方が太陽活動極大期の光度で、小さい方が太陽活動極小期の光度です。黒丸は太陽型星個々のＸ線光度、中抜きの白丸は星団にある複数の太陽型星のＸ線光度の平均値です。星団の星には質量は太陽の半分程度の低質量星も一部含まれています（Gúdel, M., 2007, Living Review in Solar Physics, 4, 3より転載）

太陽型星の情報は非常に貴重なものです。

太陽型星のコロナ

図68は太陽型星のX線が、星の年齢とともにどのように異なるかを示したものです。太陽から地球にやってくる光のエネルギーはかなり正確に測定することができます。太陽は四方八方に光を放射し地球が受け取るのはその一部なので、太陽の放射エネルギーの総量を直接測定することはできないものの、地球以外の向きへの放射も地球に向かって来るものと同程度であると仮定すると、総量を見積もることができます。

そのようにして計算された太陽の全放射光度は約４×10の33乗エルグ／秒という値になります。ここでエルグはエネルギーの単位で、光度の単位エルグ／秒は1秒当たりどれだけエネルギーを放出しているかを表しています。

現在の太陽のX線光度（白抜き三角）は10の27乗エルグ／秒付近ですので、全放射光度の1000万から100万分の1程度となります。この図は、若い星ほどX線光度が大きいことを示しています。特に1億（図では100）歳より若い太陽型星のX線光度は、現在の太陽に比べると約1000倍も大きくなっています。

このことは、我々の太陽も過去にX線光度が現在よりも1000倍大きかった時期がある可能性があることを示しています。この章の冒頭で全放射光度の変化を述べた際には、過去におそらく2-3割暗かっただろうという数10％という小さな変化の精密な議論ができていましたが、X線に関してはおおよそ1000倍明るそうだというおおざっぱではあるものの、「桁数」自体が変わる大きな変化になっています。

さらに図68から分かるとおり、似た年齢の星でもX線光度が10倍程度違うものもあり、縦軸方向に10倍程度散らばっています。太陽のX線光度も、活動極大期と極小期で10倍程度違っています（図中に2つある白抜き三角）。太陽の活動周期は約11年ですので、約100億年という寿命に比べると非常に短い時間です。億年以上の長い期間での変化に加えて短い周期の時間変動があり、図68の縦軸方向のちらばりが大きくなっています。

X線と可視光線の間の波長帯にあるのが紫外線です。紫外線帯の放射についても、若い星ほどその光度が強いという結果が得られています。ちょうど可視光の傾向とX線の傾向を内挿すなっています。

るように、X線に近い波長の紫外線ほど変化が大きく、可視光に近い紫外線ほど変化が小さく

太陽型星の恒星風

次に太陽型星の恒星風の観測に移りましょう。これまで述べた太陽型星のX線は、宇宙に打ち上げたX線望遠鏡による観測から求められたものです。X線は大気による吸収のため地球上からは観測できないので、宇宙空間に出ないと見えないものです。高度な技術に支えられた難しい観測であるものの、現在では恒星風の観測に比べると容易にデータが得られます。

一方で、太陽以外の太陽型星から流れ出る恒星風の観測は、非常に困難なものになります。たとえば、恒星風が加速されている駆動領域は、プラズマガスの密度が薄過ぎるため直接観測することができません。これは我々の太陽でも同じで、「観測の穴」になっていると前章で説明しました。我々の太陽でも無理なものが、他の恒星ではまず観測不可能であるということです。「観測の穴」より外側の領域の太陽風については、地球から宇宙探査機を飛ばし「その場観測」をすることができますが、他の恒星系では無理です。こうなると、他の太陽型星の恒星風の状況を観測から知るのは絶望的に思えてきます。

数値シミュレーションの力も借りながら、この困難を克服し太陽以外の太陽型星からの恒星

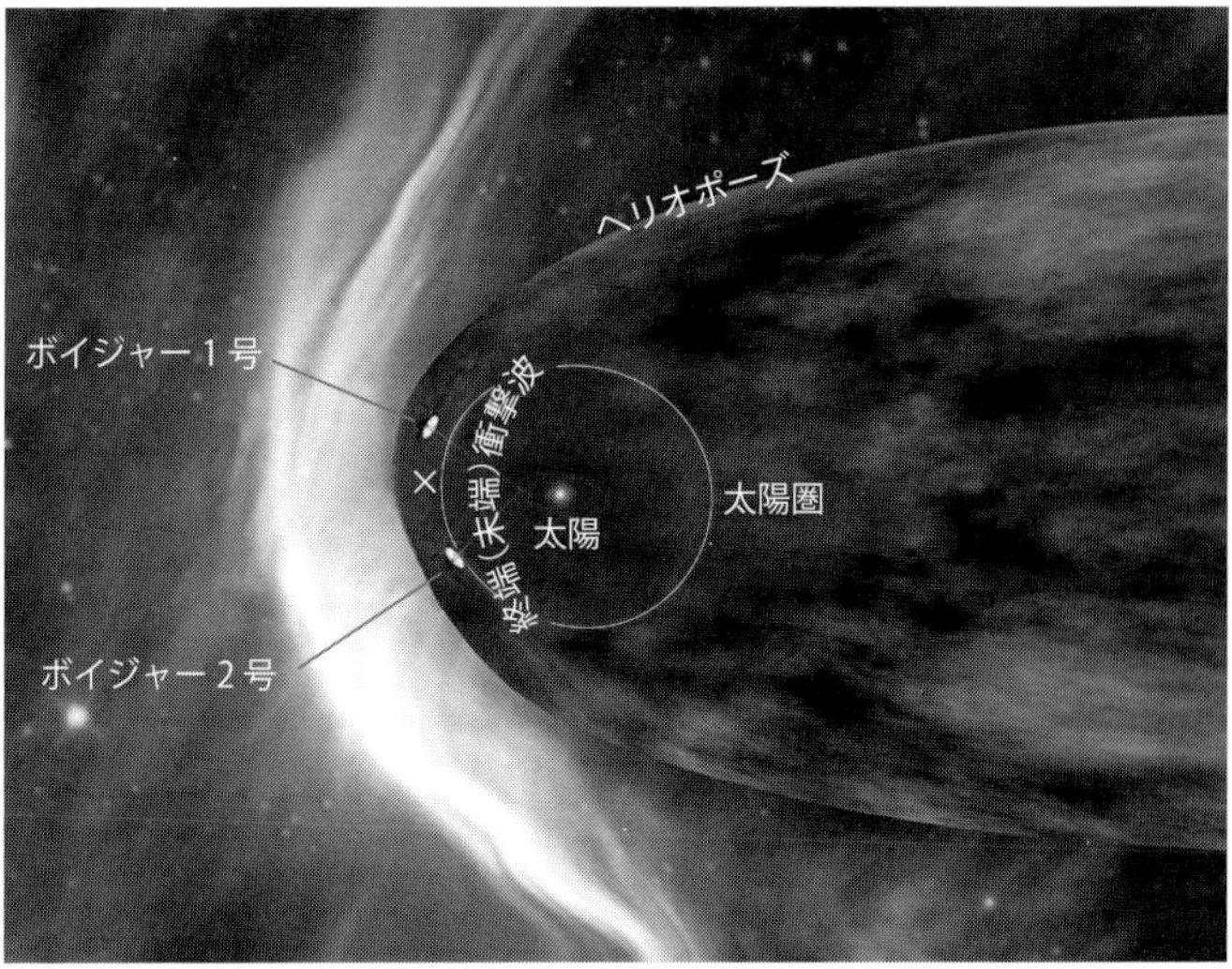

図69　太陽圏の模式図。白っぽい領域が星間ガスを、ヘリオポーズに囲まれた領域が太陽風を表しています。太陽風領域の中にある丸い構造が、終端衝撃波です。太陽系は星間ガスに対して毎秒約23キロメートルで運動しているので、太陽圏が図のような吹き流された形になっています（AFP/NASA/JPL-Caltech）

風の状況を調査できるようになったのは、２０００年代以降のことです。

恒星風は吹き出したあと惑星間空間を流れ去り、やがて星間ガスとぶつかります。この境界までの領域が恒星風の影響が直接及ぶ範囲ということで、恒星圏と呼びます。我々の太陽系では、太陽風の及ぶ範囲を太陽圏と呼びます（図69参照）。

詳細な「その場観測」のおかげもあり、太陽圏の状況がかなりよく分かってきています。

１９７７年にボイジャー１号、２号という宇宙探査機がＮＡＳＡから打ち上げられました。両機は現在太陽から１００天文単位を超える場所まで到達し、周囲のプラズマガスの観測結果を地球に送り続けています。

２０１２年にはボイジャー１号が１２３天文単位の位置で、ヘリオポーズと呼ばれる太陽風－星間空間の境界を越えました。つまり太陽圏は、100天文単位を超えるこの位置まで広がっているのです。

この少し前には、ボイジャー1号、2号がそれぞれが94天文単位、84天文単位の位置で、終端衝撃波という太陽風が星間ガスに堰き止められることよってできた衝撃波を通過しています。終端衝撃波とヘリオポーズの間には、堰き止め効果により圧縮されて高密度になったガスが存在しています。

太陽型星の周囲にできる恒星圏でも、同じように圧縮された高密度ガスの領域が存在するはずです。

地球からこれらの恒星を観測する場合を考えます。恒星から出た放射はこの高密度領域を通って我々に到達します。その際に、放射の一部がガスに吸収されたり散乱されたりします。その効果は、ガスが高密度であればあるほど大きいはずです。恒星から流れ出る恒星風の流量が大きければ大きいほど、星間ガスとの衝突の結果堰き止められる領域の密度も高くなります。したがって、恒星風の流量が大きいほど、星からの放射が吸収・散乱される影響も大きくなるということです。

恒星風の流出量をいろいろと変えた恒星圏の数値シミュレーションを行い、高密度領域での吸収を考慮した恒星からの放射の擬似観測データを複数作成します。この疑似観測データと実際の観測データを直接比較することにより、恒星風の流出量を決定します。

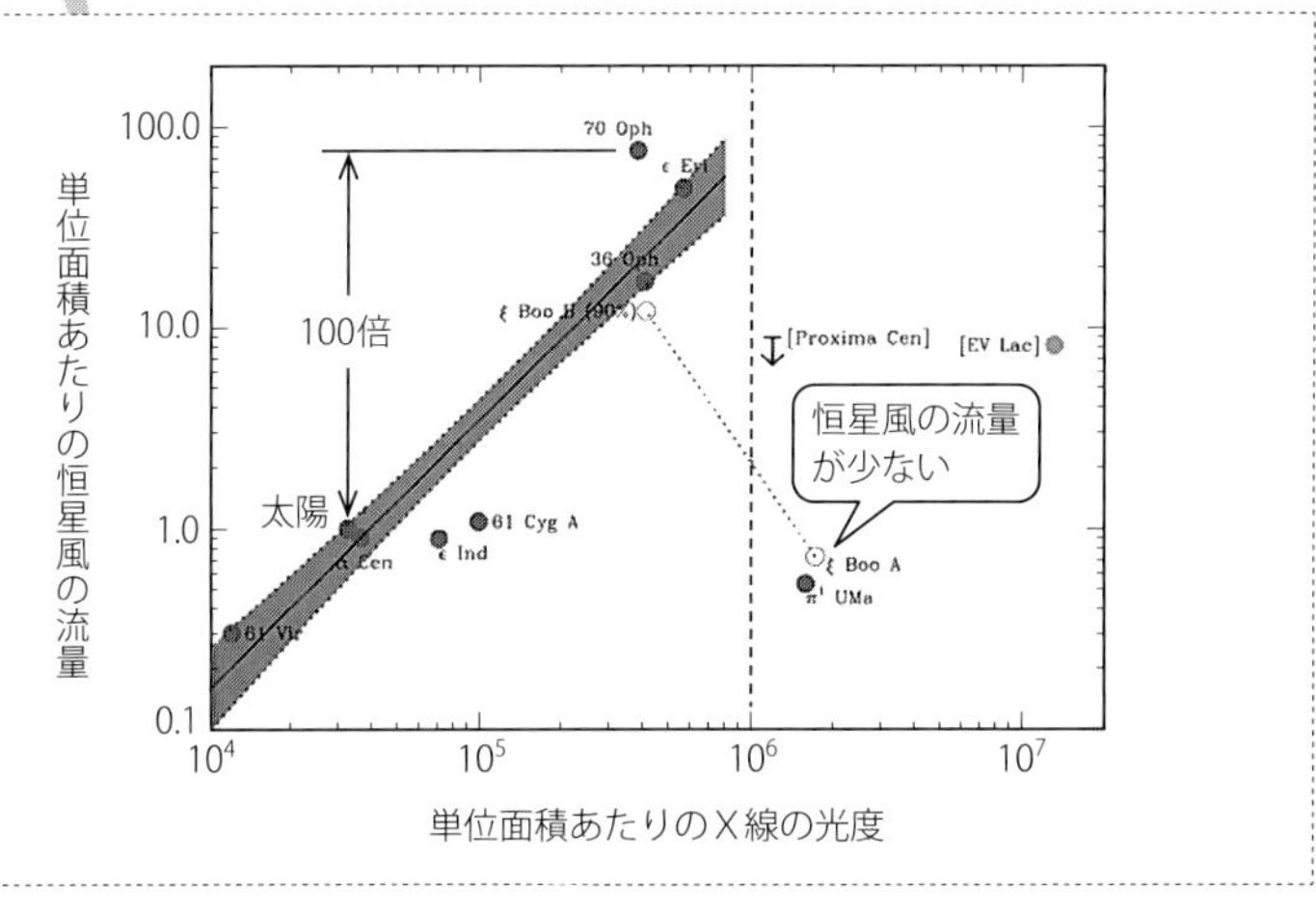

図70　太陽型星の恒星風の流量（縦軸）を、X線光度（横軸）に対して表示したものです。縦軸、横軸ともに、全量を恒星の表面積で割った値で、それぞれ単位面積の流量とX線放射量に変換して図示しています。X線光度は星の年齢とともに減少する（図68参照）ので、図中の右側に年齢の若い星が、左側に年老いた星が分布しています（Wood *et al.*, 2014, *The Astrophysical Journal Letters*, 781, L33より転載）

図70は、このような手法で求めた太陽型星の恒星風の流量の観測結果です。「太陽型星」と書きましたが、この図には太陽よりも質量が半分程度以下という、低質量の恒星も一部含まれています。この観測は非常に困難であるため、質量が太陽に近い星のみを抜き出すとデータ数をあまり多くできないため、傾向を見るために質量が若干違うものも合わて載せるという苦渋の選択をしています。

そのため、質量の違いによる効果も考慮しておく必要があります。低質量恒星は半径も小さく表面積も小さいため、その分出てくる恒星風の流量も小さくなると予想されます。表面積の効果を補正するため、縦軸は全体の流量を表面積で割った単位面積あたりに流れ出す量で表示しました。

図70の横軸はそれぞれの恒星のX線光度を示しています。つまり2つ前の図68の縦軸に対応していますす。ただしこの図70では、恒星風流量の表示と同じ

く恒星毎の表面積の違いを考慮するため、X線の全放射量を表面積で割った量を示しています。図68にあるとおり星の年齢とともに減少するX線光度は、年齢の指標になると考えて良いでしょう。そのため星が歳を重ねると、図70の右から左へと動くことになります。

この図70は、X線光度が大きいほど恒星風の流量が大きくなるという、おおまかな傾向があることを示しています。もっとも流量が大きいものは、現在の太陽風の100倍程度にまで達しています。磁気活動に起因するX線放射が、同じく磁気活動と関連する恒星風の強さと連動するということで、理解しやすいと言えるでしょう。

若い太陽型星ほどX線光度は大きいという前述の結果がありますので、これらを踏まえると若い太陽型星ほど恒星風の流量が大きくなることを示しています。しかし恒星風の結果は、図68のX線の結果ほどは単純ではありません。図70の右側、つまりX線光度が非常に大きいものの中には、恒星風流量が小さくなるものがあります。X線光度がある程度以上強過ぎると、恒星風があまり吹き出せなくなるということです。

この原因として1つ考えられるのが、恒星表面の磁場構造の変化です。一般に恒星表面の磁場が強くなると、惑星間空間に「開いた」磁場構造が占める部分が減少し、ループ形状の「閉じた」磁場構造が占める割合が大きくなります。たとえば図71は、太陽活動の極大期と極小期の磁場構造を比較したものです。左の極大期の方には、ループ構造の閉じた磁場がより多く見られます。

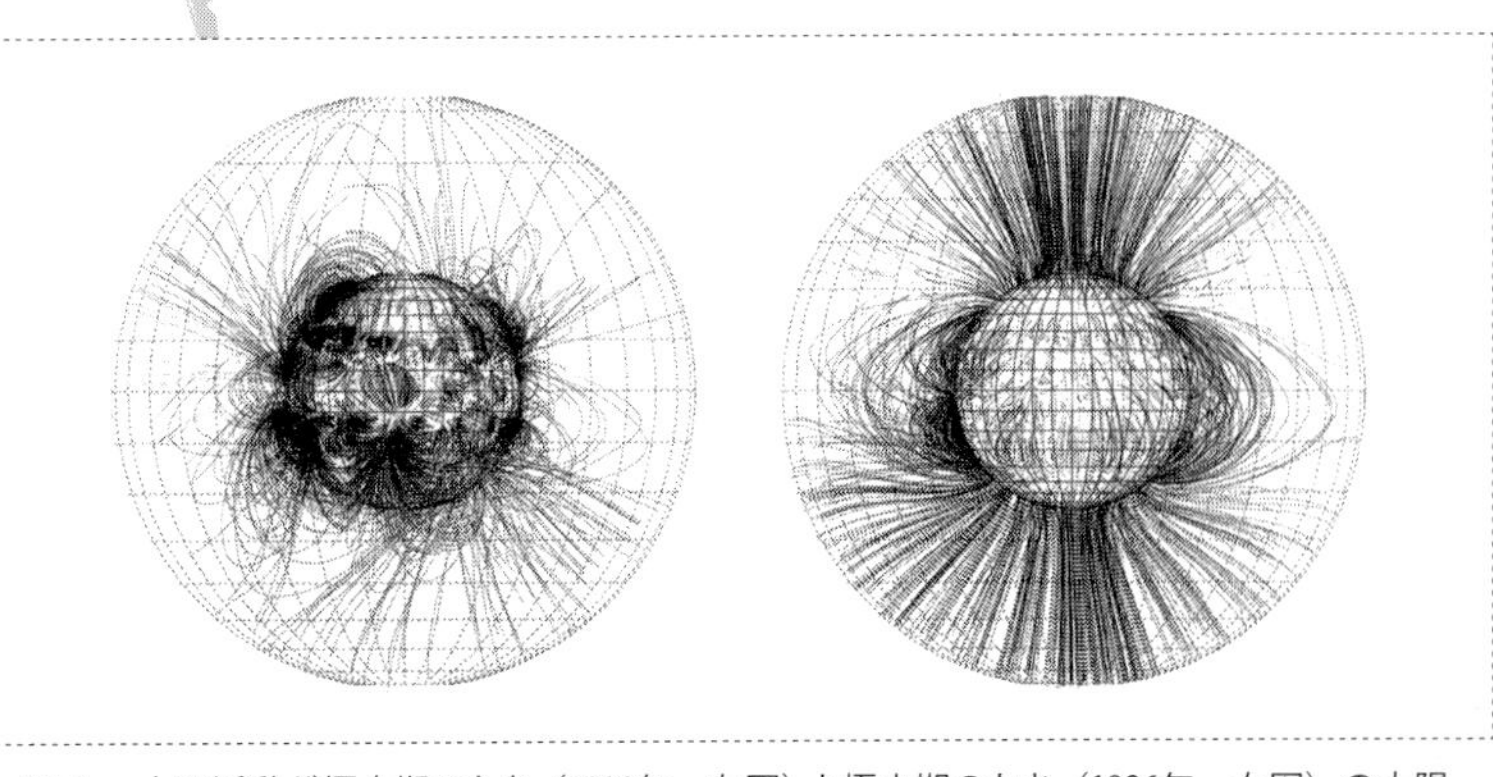

図71　太陽活動が極大期のとき（1990年、左図）と極小期のとき（1996年、右図）の太陽の磁場構造（Hakamada *et al.*, 2006より転載）

図70の右側にある星は、太陽の極大期の状況をさらに突き詰めたような状態であると推測されます。図71には惑星間空間に開いた磁束管もまだ見られるものの、もっと表面の磁場を強くしていくとこの開いた磁束管自体が減っていくでしょう。磁場とガスとの凍結を考えますと、ガスは磁力線に沿ってしか自由に動けませんので、開いた磁束管が仮になくなってしまうと、大気のガスは恒星風として吹き出せなくなってしまいます。図70の右側にある星はこのような状況になり、恒星風の流量が小さくなってしまったためと推測されます。

しかしここで述べた磁場構造の変化によって恒星風が出にくくなることは、あくまでも理論的考察であり観測で確かめられたわけではありません。

恒星風が出にくくなることについては他の機構も考えることが可能です。たとえば、私たちが考えているメカニズムとして、X線放射に取られてしまうエネルギーとの兼ね合いに関するものがあります。恒星の磁場が強くなればなるほど、X線放射と恒星風の流量の両方が大きくなります。ところが、両者の大きくなり方が違うとどうなるでしょうか？

たとえば、X線の放射量の方が磁場に対してより強く依存するとすると、磁場が強くなったときに恒星風流量の上昇に比べてX線光度の上昇の方がより大きくなります。するとやがて、表面から注入されたエネルギーの大部分がX線放射に行ってしまい、恒星風の運動エネルギーへと分配される分がなくなってしまうでしょう。このような状態になったのが、図70の右側に位置する星であると、考えることもできそうです。

しかし、この説も観測により確かめられたわけでありません。どのようなメカニズムにより恒星風の流出が阻害されているのかを観測的に実証するには、さらなる研究の進展を待つほかありません。

太陽型星のコロナと恒星風──まとめ

主系列段階にある太陽型星の観測から分かったことをまとめておきましょう。恒星の進化とともに

- 総放射量が緩やかに上昇する。
- X線放射量は急減少する。紫外線も（X線ほどではないが）かなり急に減少する。
- 恒星風流量は急減少する。

というのが、おおまかな傾向です。ただし非常に活動度の高い恒星からの恒星風には、注意が必要であるというのは先に述べたとおりです。

こうした傾向を、主系列段階初期の昔の太陽と現在の太陽の比較に当てはめると次のようになります。現在の太陽に比べて、昔の太陽は

●可視光線では少し（おそらく20-30%）暗かった。

●X線では非常に（約1000倍）明るかった。紫外線もかなり（10-100倍）明るかった。

●太陽風流量は非常に（約100倍）大きかった。

ということになるでしょう。

周囲の惑星への影響

初期の太陽は、周囲の惑星の形成や進化にも多大な影響を与えます。惑星は形成当初の星の周囲にできる、原始惑星系円盤というガスと固体の塵からなる混合体の中で、恒星より若干遅れて形成されます。その後円盤のガスが消失し、現在の太陽系の惑星たちに見られるような惑星系に進化します。

初期の太陽の紫外線やX線が非常に強く、太陽風の流量も大きいということによる影響は、形成直後の初期進化段階にある太陽系の惑星たちにも直接及びます。我々の地球にも、今よりも1000倍程度強いX線が照射されているということで、その環境は非常に過酷なものだったと考えられます。

太陽から来る高エネルギー放射の影響の1つが、地球の大気の惑星間空間への流れ出しです。太陽から来る紫外線やX線は地球大気の上層部を暖めます。加熱された地球大気の一部は、地球の重力を振り切って惑星間空間へ流出していきます。地球の大気の惑星間空間への流れ出しは現在の地球でも起きていますが、過去の高エネルギー放射が大きかった時代には、大気の流出量が現在よりもかなり大きかったと予想されます。

また地球は自らの磁場が作る磁気圏により、太陽風からは守られていますが、もし太陽風の強度が100倍強く、地磁気の状況が現在と変わらないとすると、磁気圏は地表の近くまで押し込められることになります。そうなると太陽風の粒子が地球の大気上層に入り込んで来たかもしれません。その結果、太陽風粒子が大気のガスの一部を剥ぎ取っていくことになります。太陽からの高エネルギー放射に加えて、太陽風も地球の大気の惑星間空間への流れ出しのメカニズムの1つであるといえます。

太陽からの高エネルギー放射や太陽風によって大気が流れ出すことは、金星や火星という地球以外の惑星でも重要になります。金星は地球のように磁場を持たないので、太陽風の粒子が大気に直接入っていきます。そのため地球に比べて、金星では太陽風による大気のガスの流れ出しが重要になると考えられています。

地球の生命は、少なくとも38億年前頃には誕生していたようです。これは太陽系誕生後7-8億年後ということで、太陽は主系列段階の初期のX線や太陽風が強かった時期に相当します。

当時の地球環境の特徴を論じる際に、火山噴火の頻発や多くの隕石の落下についてはしばしば言われてきていますが、太陽からの紫外線やX線の効果や、太陽風による磁気圏への影響についてはこれまであまり論じられてきていません。ですが、生命の誕生には、このような太陽からのエネルギーの高い電磁波や太陽風が大きく影響する可能性が高く、これらを取り入れた研究を今後進めていく必要があります。

Column

宇宙天気

過去の活動が活発だったであろう若い頃の太陽が、惑星へ与える影響について説明してきました。現在人間でいうと中年となった太陽の磁気活動は、若い頃の太陽と比べると全体的に低くなっているものの、惑星への影響がまったくないというわけではありません。特に私たち人類は、電波を用いた通信、そして、大気圏外の人工衛星と、地表から上空へとその利用範囲を拡げてきました。太陽活動の影響は大気の上層部さらには大気圏外でより顕著となるため、私たちの社会生活が太陽活動から影響を受ける場面も増えてきています。

今日の太陽の活動が地球に与える影響として重要になるのは、突発的な現象です。まず挙げられるのは、冒頭でも紹介したコロナ質量放出です。太陽面でのフレアなどをきっかけに発生するコロナ質量放出の結果、平均的な太陽風よりも密度が高いプラズマガスが惑星間空間に放出されます。その一部は1日-数日後地球に到達し、地球磁気圏に影響を与えます。

またほかに地球磁気圏に影響を与えるものとして、共回転相互作用領域というものがあります。太陽風は、毎秒300-400キロメートルの低速太陽風と、毎秒700-800キロメートルの高速太陽風に大きく分けられます（1章参照）。ところどころで低速太陽風に高速太陽風が追いつく領域ができ、そこはいわば渋滞のような状況になり密度が高くなります。これを共回転相互作用領域と呼びます。共回転相互作用領域はコロナ質量放出と同じく高密度なプラズマガスなので、地球にやってくると地球磁気圏に影響を与えることもあります。

これら高密度の太陽風粒子が大気圏外にある人工衛星に到達すると、高い電荷を帯びた高エネルギー粒子が電子機器を誤作動させたり壊してしまったりします。また、大気上層には電離層と呼ばれる太陽からの紫外線やX線によって分子や原子が電離した領域があります。電離層まで到達した高密度の太陽風は、電離層の状況を通常の静穏期のものから大きく変えてしまいます。そうなると短波を利用した通信や放送、人工衛星と地上基地局との交信が乱されることがあります。

このような、太陽からやってくるプラズマガス粒子が、大気圏外や地球の上層大気の状況に影響を及ぼす一連の自然現象を宇宙天気と呼びます。宇宙天気現象は、高度に文明化した人間社会にも大きな影響を及ぼします。太陽面の状況から、コロナ質量放出や高速太陽風、共回転相互作用領域が何時間あるいは何日後、地球に影響を与えるのかの予測を行う宇宙天気予報が出されています（http://swc.nict.go.jp/）。地球上の天気予報に比べると宇宙天気予報の精度は現状では良くないものの、その精度を向上させるための研究に取り組んでいます。

太陽大気、太陽風の変遷の理由

恒星のX線放射や恒星風の流量は、恒星の進化とともに減少していくことが分かったのですが、その理由は何でしょうか？　この問いにも確固たる答えは実はありません。私を含む多くの研究者が重要だと考えているのが、恒星の自転です。

現在の太陽は、周期1か月弱で自転しています。赤道付近の回転速度にすると、秒速約2キロメートルになります。我々の感覚からすると秒速2キロという値は非常に速く感じますが、ここから計算される赤道付近での遠心力は太陽重力に比べると0・01％にも満たないということになります。このように太陽は一般に低速自転星に分類されます。これに対して自転周期が数日やさらには1日を切るような高速自転星も数多く存在しています。このような星たちでは、星自体の重力に比べて赤道面付近の遠心力が無視できなくなり、星の形が球からずれて扁平になります。たとえば有名なところでいうと、質量は太陽よりだいぶ大きいため、太陽型星には分類されないものの、こと座のベガも高速自転星として知られています。

表面対流層を持つ太陽型星では、自転速度と表面対流層での磁場の増幅とが大きく関係しています。地球のような固体の天体ですと自転の速さはどこでも同じですが、太陽はガスからなる天体なので場所によって自転速度が異なっています。太陽表面の赤道付近では約25日で1回

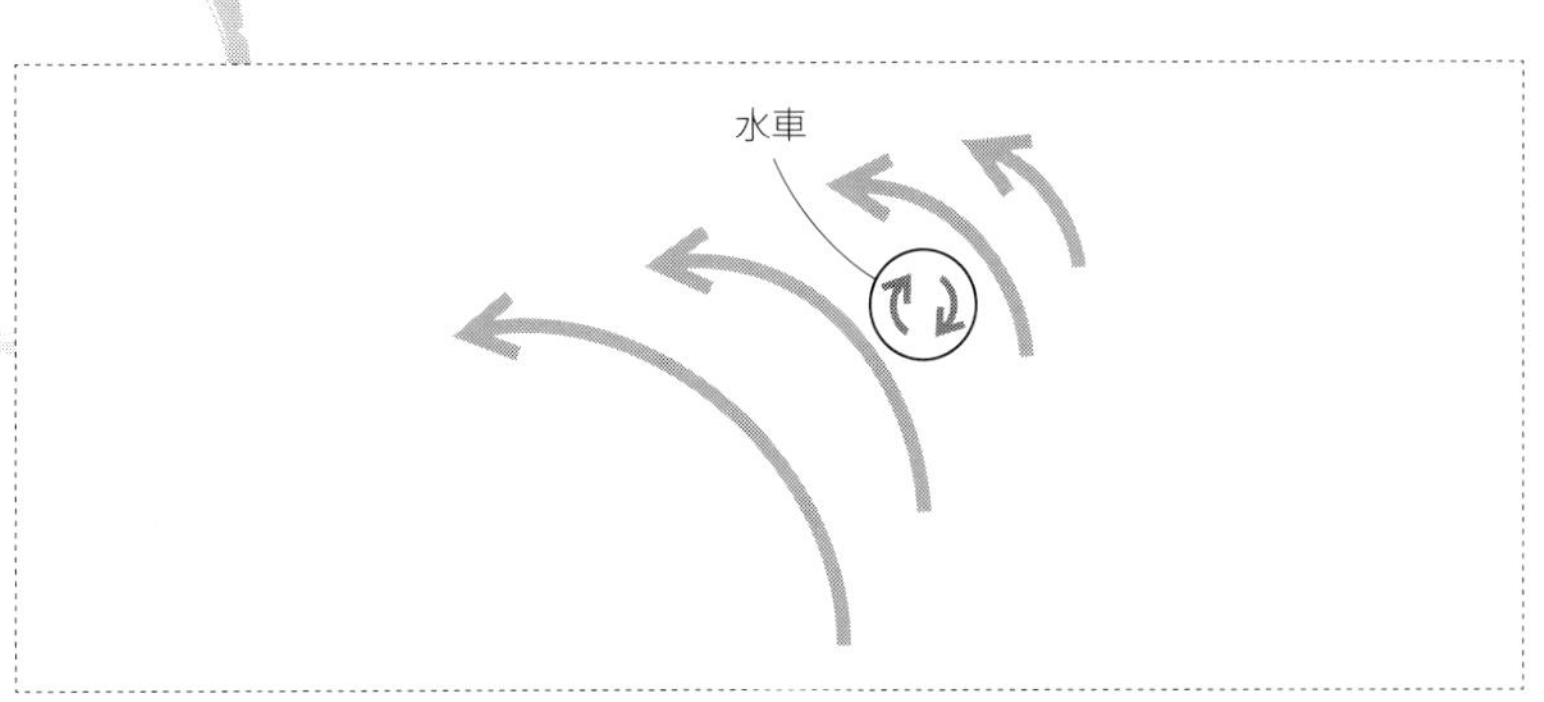

図72　速度差のある流れの中に水車と置くと、回転を始めます。太陽が自転をまったくしていない場合でも、表面では対流が発達しランダムな流れが起きます。さらに差動回転をしていることによるランダムな流れが上乗せされます。表面対流層では、まずは対流によって磁場が増幅され、これに加えて差動回転による乱流でもさらに磁場が増幅されるのです

転し、極付近では31日程度になります。さらに表面と内部でも回転速度は異なります。このように場所ごとに回転速度が異なる状況を、差動回転と呼びます。

表面対流層内は差動回転状態となっており、速度が異なる流れが共存しているということです。図72のように速度が異なる流れがとなり合っている場所に、水車を置くことを考えましょう。そうすると、水車は回転を始めますね。

この例は、「速度差のある流れでは渦が発生する」と一般化することができます。実は徳島県と淡路島とのあいだの鳴門の渦潮もまったく同じ原理で発生しています。大小さまざまな渦が発生すると、全体としてランダムな流れが至るところにある乱流状態となります。

恒星の自転が速いほど、一般に差動回転の度合いもきついものになります。そのため高速自転星ほどより強い乱流が励起され、強い磁場まで増幅することができると推察されます。

磁場が強いと、磁気活動の結果であるコロナから放射されるX線や恒星風の流量も大きくなるでしょう。高速自転星ほど、X線光度

と恒星風流量も大きくなりそうです。

一般に恒星は誕生時に一番速く自転しており、その後の進化の過程で回転が徐々に遅くなっていくと考えられています。回転の強さを表す指標の1つに角運動量がありますが、磁化されたプラズマガスの吹き出しである恒星風は、恒星の持っている角運動量を周囲の星間ガスへ運ぶという効果があります。恒星は進化の途上で恒星風を吹かし続けますが、これは質量を周囲へと捨てていると同時に、角運動量も周囲のガスへと捨てているのです。角運動量を星間ガスへと受け渡した結果、恒星の自転速度は次第に遅くなっていきます。

若い星ほど自転が速く磁場がより増幅され、コロナからのX線光度や恒星風流量が大きくなるという傾向は、図68と図70で得られた結果と合っています。星の年齢と大気の磁気活動が、自転と磁場増幅とを通じてつながったのです。

ここまでの説明は定性的には分かりやすいものですが、定量的には大部分が未解明です。たとえば、回転速度が2倍になるとX線光度や恒星風強度が何倍になるのかという問いに対して、観測的にはある程度の傾向までは示せるものの、それがなぜそうなるのか理論的には解明できていないというのが現状です。

最後に、我々の数値シミュレーションの研究を紹介し、この章を閉じたいと思います。これは、若くて活動的な太陽型星からの恒星風についてです。この数値シミュレーションを行うために、前章で紹介した現在の太陽風のためのシミュレーションプログラムを若干修正し、活動的な恒

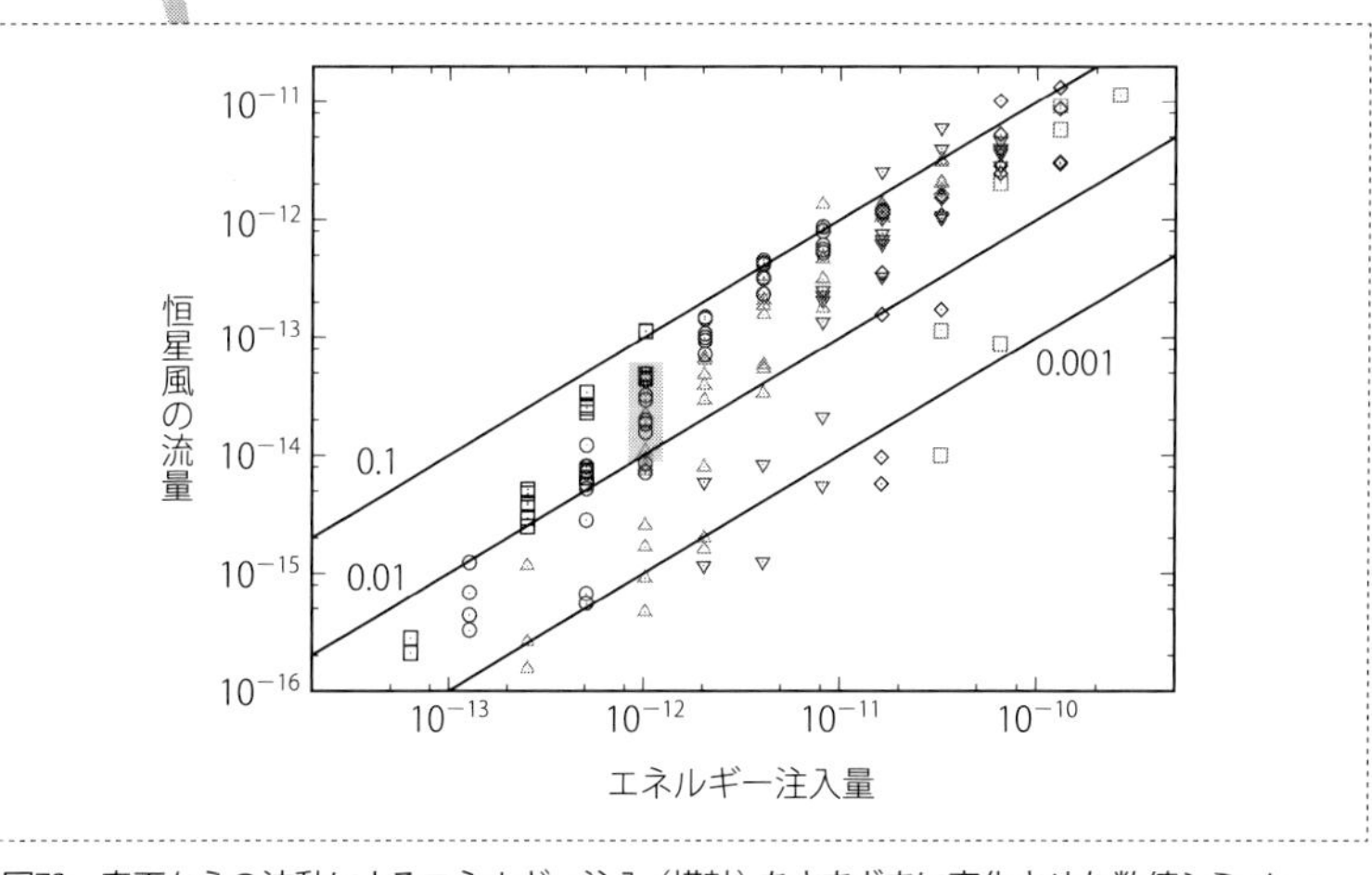

図73　表面からの波動によるエネルギー注入（横軸）をさまざまに変化させた数値シミュレーションから得られる、恒星風の流量（縦軸）。灰色の領域は太陽に相当するところ

星での状況を調べることができるようにしました。

若く磁気活動が活発な恒星では、おそらく表面対流層から注入されるエネルギーが大きいと考えられます。恒星表面からの注入エネルギーを現在の太陽では考えられないぐらい大きいとすると、現在の太陽風に比べて上空の大気の状況がどのように変わるのかを調べました。

図73は、表面からのエネルギー注入量を変えたときに、恒星風の流量がどのように変化するのかを示したものです。一点一点は数値シミュレーションの1つのケースに対応しており、すべてで100以上の点があります。

横軸は単位時間当たりの波動によるエネルギー注入量で、恒星の重力エネルギーで割ってあるので小さい数になっています。この単位での現在の太陽の注入する波動のエネルギーは、おおよそ10のマイナス12乗となります。このことから、表示されているデータは、大部分が現在の太陽よりも大きなエネルギー注入量の場合であることが分かると思います。

縦軸は恒星風の流量ですが、恒星表面から出る全量を、1

年当たりに太陽質量の何倍かという単位で表したものです。現在の太陽は2×10のマイナス14乗（太陽質量／年）程度です。また図中に斜めの線が3本引いてあり、上からそれぞれ0・1、0・01、0・001と書いてあります。0・1というのは、表面から入れたエネルギーの10％が恒星風へと受け渡されたということです。この場合は、残りの90％は恒星風の運動エネルギーではなく、他のエネルギーとなってしまったということです。

一部外れているものもありますが、ほとんどのデータ点は0・001から0・1の斜め線の間に分布しています。これは入れたエネルギーのうち恒星風に行く割合が小さく、大部分は他のエネルギーへと受け渡されているということを示しています。他のエネルギーとしては、まず代表的なものとして紫外光やX線という短波長（高エネルギー）領域の電磁波で放射されてしまったものがあります。

ほかにも重要なものとして、恒星の重力を振り切って脱出するために使われるエネルギーもあります。恒星風の運動エネルギーは、重力圏から脱出するために使われたエネルギーのさらに余剰分という言い方もできます。

これらのほかにもう1つ重要なものに、せっかく下から注入したのにコロナまで到達せずに光球に戻ってしまったエネルギーがあります。これは磁気流体の波動に限らず波動の一般的な性質としていえることで、波動には伝搬の他に反射や屈折という、波がまっすぐ進まなくなる効果もあります。たとえば、光が空気から水に水面から斜めに入射すると、一部は屈折し一部は反射されます。これは空気中と水の中で、光の伝搬速度が異なるのが原因になっています。

このように伝搬速度が異なる物質中を波動が伝搬すると、反射と屈折の影響を受けます。アルヴェン波の伝搬速度をアルヴェン速度と呼びます。アルヴェン波は磁気張力を復元力とする波（2章参照）で、張力は磁場が強いほど強いので、アルヴェン速度は磁場が強い方が速くなります。

またガスと磁場の凍結を考えると、アルヴェン波の伝搬の際には、磁力線はプラズマガスを周囲にまとわり付かせながら振動します。周囲のガスの密度が高いほど引きつけるガスの量が多くなり、伝搬速度を低下させます。

まとめると、アルヴェン速度は磁束密度が大きいほど速くなり、ガス密度が高いほど遅くなるということです。

太陽大気では、光球から上空へと行くに従い磁束密度もガス密度も変化します。光球から彩層にかけての領域では、ガス密度が急激に減少するため、アルヴェン速度は上空ほど速くなります。

光球から励起されたアルヴェン波がこの中を伝搬すると、一部が反射され再び光球に戻ってしまいます。実は現在の太陽大気の数値シミュレーションでは、おおよそ90%が反射して光球へ戻ってしまい、残りの10%だけがコロナ領域まで到達してガスの加熱と太陽風の駆動へと寄与しているという結果が得られています。

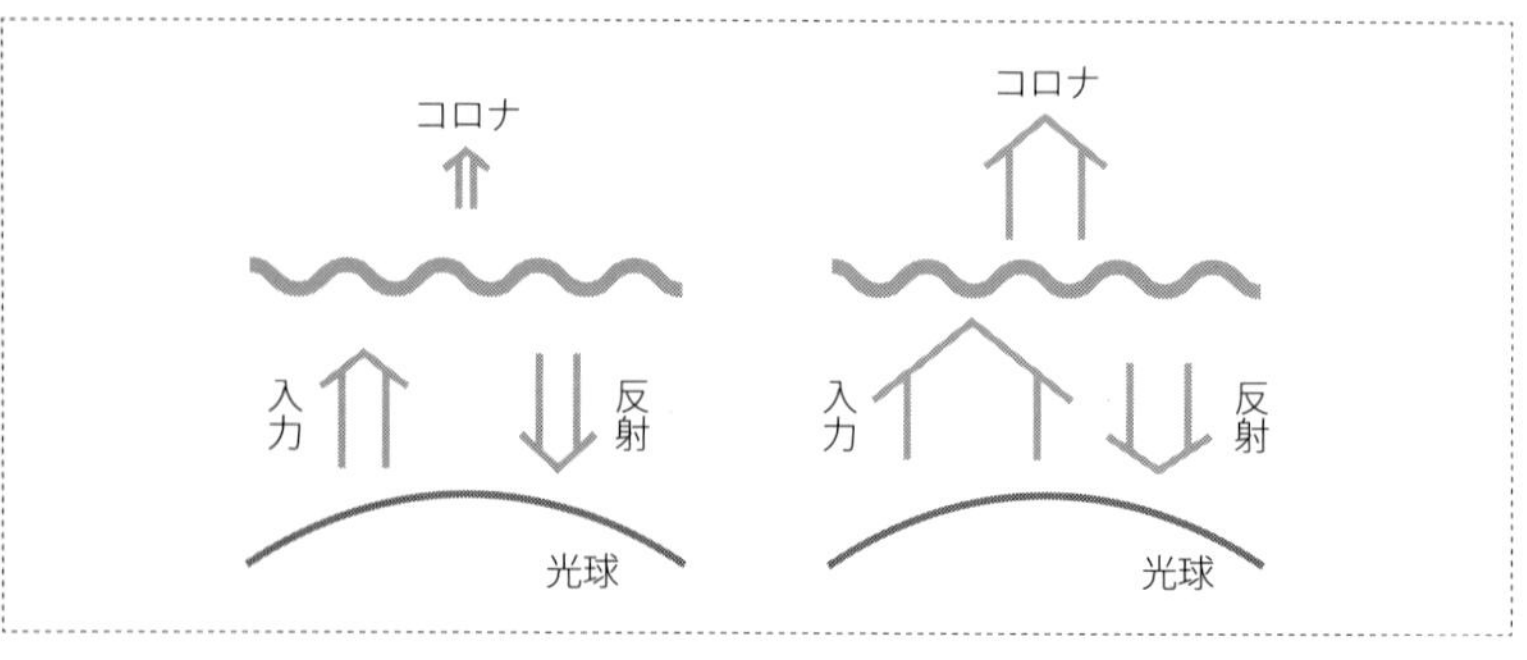

図74　光球からの波動のエネルギーが小さい場合（左）と大きい場合（右）を比較したものです。エネルギー注入（入力）が大きい場合は、加熱されるコロナが密度の高い低空の位置まで拡がり、上方へ伝搬するアルヴェン波が反射される影響が小さくなります

図73を見ると、エネルギー注入が小さい（図中左側の）ケースでは、3本の斜め線のうち一番下の0・001に近い側に数値シミュレーションのデータ点が多く分布しています。一方エネルギー注入が大きい（図中右側の）ケースでは、一番上の0・1側により多くのデータが分布しています。これは下から入れる波のエネルギーを増やすと、より多くの割合が恒星風へと受け渡されることを示しています。

注入エネルギーを10倍にすると、恒星風流量が単に10倍になるのではなく、より大きく20倍あるいは30倍となるということです。これは前章で紹介しました非線形現象の一種といえますが、この原因にはアルヴェン波の反射が重要な役割を担っています。

図74ではエネルギー注入が小さい場合と、大きい場合での恒星大気での波の反射の状況を比較しています。エネルギー注入（入力）が大きい方が、加熱される上空のコロナが密度の高い低空の位置まで拡がるという性質があります（図74（右図））。コロナが高温まで加熱される理由の1つが、「ガスの密度が低密度であるため少量のものを高温にできる」と説明しました（3章）。

低密度であることが、コロナが高温であることの本質の1つですが、これも程度問題で、注入されるエネルギーが大きくなるとある程度高密度のものも加熱できるようになってきます。別の角度から説明しますと、下からのエネルギー注入の増加は、単に温度を上昇させるだけでなく、低空の密度からより高い場所まで加熱される領域を拡げることができるということです。

図74の2つの場合で、光球からコロナまで伝搬するアルヴェン波の状況を考えます。右側のエネルギー注入が大きい方が、コロナに到達するまでの伝搬距離が短くなることがお分かりになるでしょう。実はここは単に「距離」というとあまり正確でなく、右側のケースの方が光球とコロナの密度の差が小さいといった方が、より正しい表現になります。

密度の差が小さいと、光球からコロナへの伝搬の途上で反射により戻ってしまう波動の割合も小さくなります。したがって、光球から入れる波動のエネルギーを大きくすると、上空のコロナに到達する割合も大きくなるのです。光球からの注入エネルギーを10倍にすると、コロナに到達するエネルギーが単に10倍になるのではなく、入力されたエネルギーに対する反射されたエネルギーの割合が抑制されるため20倍や30倍になるということです。つまり、図73で見られた非線形な振舞いは、このアルヴェン波の反射により説明できるのです。

ここまで説明してきたことを踏まえて、恒星表面の状況と恒星風の流量を比較すると、恒星表面からのエネルギー注入が少し変化するだけで、最終的な恒星風の流量が大きく変化するという結論が得られます。太陽型星の観測は、主系列段階初期の太陽風が現在の太陽風より10

0倍流量が大きかった可能性があると説明しました。100倍の流量の違いというと途方もなく大きい印象を受けますが、実は太陽表面の状況は現在とほんの少し違っていただけなのかもしれません。

さらに図70（169ページ）は、非常に活動的な恒星では恒星風の流量が逆に小さくなるものもあることを示していました。ここで図73をよく見てみますと、エネルギー注入の大きなものの中に斜めの線のうちの一番下の0・001を下回るものがあります。これらのケースをよく調べてみると、アルヴェン波自体は反射の影響を大きく受けておらず、かなりの割合がコロナまで到達していることが分かりました。そしてアルヴェン波の減衰により、かなり密度の高いコロナができていました。

密度が高いほど放射されるエネルギーが大きくなります。これらのケースでは、コロナに到達したアルヴェン波のエネルギーの大半が、紫外光やX線のエネルギーへと変換されてしまい、恒星風の運動エネルギーに行くエネルギーがあまり残っていない状況でした。恒星風の流量を決めるのは、先に述べたコロナ到達前のアルヴェン波の反射に加えて、コロナでどの程度が高エネルギーの放射へと変換されるかという要素もあるということです。

このように最終的な太陽風の流量が大きくなるためには、表面からのエネルギー注入が大き過ぎてもだめで、ちょうど良いエネルギー注入のときに流量が最大になるということを示しています。

終章
太陽の魅力
——結節点として

太陽はさまざまな切り口からの研究が展開できる、非常に面白い天体です。本書では、自然科学のアプローチから最先端の太陽の研究成果を紹介してきましたが、その中にも多種多様な切り口があります。

さらには自然科学に代表される理系的な研究の範疇を超えて、考古学などでも、太陽が重要な鍵となっています。たとえば、古代の文明では太陽、月、星といった天体の運行が生活の礎でしたので、建物や古墳などのさまざまな遺跡が、太陽の運行に基づいて作られていることもしばしばあります。

また、ギリシア神話やローマ神話など世界各地の神話や伝説にも、太陽神が登場します。日本では、天照大(御)神(あまてらすおおみかみ)が太陽神として、古事記や日本書紀に登場します。古事記には、天照大神が天の岩戸に隠れ世界が暗くなったという、日食を連想させるお話が記述されていることを、ご存じも方も多いのではないかと思います。

太陽は、自然科学の研究だけでなく文化の結節点にある天体であるともいえます。

この章では、さまざま切り口からの太陽の研究を、本書であまり触れることができなかった内容を中心に、紹介したいと思います。

太陽物理学

太陽そのものを研究する学問分野として、太陽物理学があります。本書で詳しく紹介したコロナ加熱や太陽風の加速も、太陽物理学の重要な研究課題の一つです。

太陽は非常に大きな質量を持っているので、重力も強いです。強い重力を振り切って、ガスが流れ出すという非常に不思議なことが起きる理由を、説明してきました。太陽中心から外向きのエネルギーの流れがガスの対流運動、そして、磁場の増幅を引き起こし、最終的な太陽風の駆動に至ることがお分かりいただけたのではないかと思います。

たとえば20年前には、太陽光球から太陽風をつなぐ数値シミュレーションはできませんでしたので、太陽から惑星間空間に至る一連の太陽風の流れ出しの様子は、研究の進歩により理解できるようになってきました。一方で、研究の進展により詳細かつ深く太陽のことを研究できるようになってきたことで、新たな謎が現れてきたという側面もあります。

太陽風には、毎秒300キロメートル程度の低速のものから、毎秒800キロメール程度の高速のものまで、幅広いバリエーションがあります（1章参照）。特に低速太陽風は、深く観測すればするほど流れの源がどうなっているのかよく分からなくなってきた印象があります。そのため適切な設定をした上での、低速太陽風の数値シミュレーションにも成功しておらず、低速太陽風の起源は、依然として謎のままです。

太陽物理学には、ほかにも未解明問題が数多く残っています。コロナの加熱や太陽風の駆動には、表面対流層での磁場の増幅が鍵となりますが、なぜ現在の太陽のような磁場強度まで強くなるのかは、まだ理解されていません。3章のコラムで述べた黒点の起源も、対流層での磁場増幅に関する難問題の一つであり、解明が待たれる重要な問題です。

表面対流層のさらに下層には、対流が起きていない放射層があります。対流層と放射層の境界がどのような状況になっているかを知ることが、磁場増幅を理解する鍵だと多くの研究者たちは考えています。しかし太陽の内部は、大気のように光では直接見ることはできないので、研究は困難を極めます。

強力な方法の一つが、太陽の振動を研究する学問である日震学です。地球の地震と同じように、太陽のある地点で発生した振動は太陽の内部を伝わっていきます。振動が伝わる速さは、内部の温度や密度により変わってきます。このことを逆に利用すると、太陽表面の振動の様子を測定することにより、内部の物理状況を推定できます。

日震学により得られた内部の情報を、数値シミュレーションの設定に用いることで、より現実に近い状況での磁場増幅の様子をシミュレートすることが可能になります。

このように、太陽物理学のさまざまな未解明問題に対して、実験的手法と理論的手法を両輪として、研究を進めています。

プラズマ物理学

2章では、磁場やプラズマガスについて紹介し、電磁気学や流体力学の知識が、太陽の理解に大きく役立っていることを説明しました。一方で、太陽プラズマを研究することにより、逆に磁気流体力学の基本的なプロセスを理解するという研究方法もあります。いうなれば、「磁気流体やプラズマ物理学の実験室としての太陽」ということになります。以下に、このような研究の例を紹介します。

コロナの加熱や太陽風の加速に重要となる機構の一つが、アルヴェン波の磁気乱流による減衰であると紹介しました。磁気乱流では、長い波長の波が短い波長の波へと分かれていき、さらに、その短い波長の波が減衰していくことにより波のエネルギーが減少していくという特徴があります。この長波長から短波長の波への分解を、エネルギーのカスケードと呼びます。このエネルギーのカスケードがアルヴェン波の減衰を引き起こしています。

磁気乱流のエネルギーカスケードを、地球上の実験で行うことは簡単ではありません。実はもっとも良い天然の実験場が、太陽風プラズマです。大気圏外の宇宙空間には、太陽風中のプラズマの乱流を調査する探査機が打ち上げられています。

そして、地球近傍にやって来る太陽風の物理状態を「その場」計測し、磁気乱流のエネルギーカスケードがどのように起きているのかが調査されています。

また、太陽フレアの研究も、プラズマ物理学分野で永年の謎とされる、磁力線のつなぎかえ過程の解明にも、大きく貢献するものと期待されています（3章の図42）。3章では、逆方向に向く2本の磁力線が近づいているとき、何らかの原因で2本の磁力線がつなぎかわり、磁場のエネルギーが一瞬で解放されてフレアが起きると説明しました。

一方2章では、磁力線のガスへの凍結を、もちとゴムひもにたとえて説明しました。詳しい説明は省きますが、磁力線とガスがお互いに凍結しているときには、実は磁力線のつなぎかえは起きません。そのため、磁力線のつなぎかえが起きるためには、磁力線とガスが完全に凍結していてはだめで、何らかの原因で凍結が外れている必要があるのですが、具体的にどのようなメカニズムが働いているのかはよく分かっていません。

磁力線のつなぎかえは、地球上の実験室のプラズマでも調査されています。しかしながら太陽フレアでは、地上では扱えないような大きなスケールのプラズマでおこる、磁力線のつなぎかえ過程を調べることができます。地上と太陽大気という、大きく異なるスケールの現象を比較検討することにより、磁力線のつなぎかえが起きる際に、どのように磁場とガスの凍結が外れるのかを解明することができると期待されています。

天体物理学

5章では、太陽の過去から未来への歴史を学ぶために、太陽に類似した他の恒星たちの観測結果を用いた研究成果を紹介しました。これとは逆に、太陽の詳しい観測結果を、遠くにあるために詳細には観測できない他の恒星たちの研究に役立てることも可能です。「太陽は恒星の一つである」という特徴を利用した、研究の方向性です。

太陽は私たちにもっとも近い恒星であるため、これまで見てきたように、活動領域やコロナホールという異なった特徴を持つ領域、そして粒状斑という表面のさらに細かい構造を詳しく観測することができます。一方太陽以外の恒星ではこのような詳細な観測をすることは、到底できません。

ベテルギウスは太陽系からの距離が600光年程度と遠くにある天体です。一方で、半径が太陽の1000倍程度ある赤色超巨星であり、対流に起因すると思われる表面の構造を観測することができます。

しかしこのように恒星表面の構造を見ることができる天体は、赤色（超）巨星などの一部に限られます。太陽以外のほとんどの恒星は、光を発する「点」として観測されるのみで、表面の構造を見ることはできません。

5章では、太陽風により形成される太陽圏（図69）と、他の恒星から吹き出す恒星風により形成される恒星圏について紹介しました。このとき他の恒星の観測で見えているのは恒星圏全体のみで、中心の恒星の表面から流れ出る恒星風を直接観測できているわけではありません。つまり、恒星から吹き出す恒星風の密度、速度や温度という物理状態は観測により決めることができないということです。

そこで、太陽風で得られている結果から推測される恒星風の状態を用いて恒星圏の数値シミュレーションを行い、恒星圏の実際の観測結果と直接比較するという方策が取られています。太陽の詳細な観測結果により、詳しく見ることができない他の恒星の情報を補い、恒星のことを深く知るという、まさに「恒星としての太陽」という特徴を最大限生かした研究成果です。

このような「太陽の知見を恒星に生かす」という手法は、太陽以外の恒星のフレア、スーパーフレア（3章のコラム）や黒点（3章のコラム）の研究にも応用されています。

太陽ではフレアが実際に太陽のどの場所で起き、その際の磁場構造がどのようであったかなどを知ることができる、詳しい観測が可能です（たとえば3章の図42参照）。しかし一方で、他の恒星は点源としてしか観測されませんので、恒星全体から出てくる放射全体の増加によって、フレアが起きたことを知ることになります。

仮に太陽が遠くにあり「点」としてしか観測されない場合に、フレアによる増光がどの程度であるかということを見積っておくと、太陽のフレアと恒星のフレアを直接比較することができます。

たとえば、太陽である規模のフレアが起きたときに、これが実際に遠くの恒星で発生していたら、全体の増光はどの程度であるかを計算しておけば良いということです。このような計算をしておくと、他の恒星の増光が観測されたときに、さまざまな規模の太陽フレアの結果と照らし合わせて、恒星フレアの規模や詳細な状況を類推、決定することができます。

他の恒星を観測していると、フレアなどの爆発的な現象による突発的な増光だけでなく、緩やかな増光や減光を示すものもあります。これは黒点や白斑による影響だと考えられています。太陽と同じように恒星も自転しています。自転のため、私たちから見えている面が日々変化していくことになります。

たとえば、3章の黒点のコラム中の図dにはたくさんの黒点と白斑が見えます。自転により、明るい白斑が裏側に隠れてしまう影響が顕著であれば、総放射は下がり恒星自体は少し暗くなることになります。逆に黒点が裏側に回って見えなくなる影響が大きければ、恒星は明るくなります。

もちろん裏側から表側に回ってきて、私たちから新しく見えるようになる黒点や白斑もありますので、隠れてしまうものと、新たに見えるようになるものの差し引きで考える必要があります。ほかにも、ずっと表側に見えていた領域にも、新たに出現する黒点や白斑があるでしょうし、逆に消滅してしまう黒点や白斑もありますので、これらの影響も考慮する必要があります。

いずれにせよ、恒星の自転や黒点・白斑の出現・消滅は、フレアのように突発的なものではないので、恒星の総放射に対応する光度の緩やかな増加や減少として観測されるのです。

しかしながら、私たちは他の恒星たちの黒点や白斑を直接観測できているわけではありません。先に述べた、フレアやスーパーフレアの研究のときと同じように、太陽が遠くに離れて「点」として観測される場合のことを考えるのが、恒星の光度の観測との比較をする際に有効になるのです。

私たちが受ける太陽光から、太陽の総放射量が計算できますが、これがまさに太陽が「点源」になったときの光度に対応しています。総放射量の時間変化と、太陽表面で実際に観測された黒点や白斑の状況を、直接突き合わせて両者の関係をある程度導くことができます。

その結果を他の恒星の光度変化に適用すれば、その恒星の黒点や白斑の状況、より具体的に述べると、どのような大きさの黒点や白斑が何個ぐらいあり、表面のうちどの程度の割合を覆っているのか、といったことを類推することができます。

このように、詳しく観測できている太陽風、太陽フレア、太陽黒点や白斑を他の恒星に応用し、恒星風、恒星フレア、恒星黒点や白斑を深く知り理解するための研究が進められています。

惑星科学

太陽には、「太陽系の惑星たちの中心星」という役割もあります。もし太陽がなければ地球も存在していませんので、我々人類にとってはもっとも重要な役割であるといえるでしょう。太陽が地球上生命に対する影響として圧倒的に大きいのは光（電磁波）ですが、太陽風や磁気活動の影響も無視できるものではありません。

太陽風の地球への影響という観点では、これまで地球の極域に現れるオーロラという自然現象から、宇宙天気予報という社会的な影響に関するものまで紹介してきました。

オーロラは、太陽系惑星のうち地球だけに特有の現象ではありません。磁場を持つ惑星である木星や土星の極域にはオーロラが出現しており、惑星科学の問題として多くの研究者らにより取り組まれています。

これから述べることはまだ未確定の部分も多いのですが、太陽風や磁気活動が地球の気候にも影響しているかもしれないとの指摘もあります。どういうことかをもう少し詳しく説明しましょう。

星間空間には、宇宙線と呼ばれるエネルギーの高い粒子が飛び交っています。宇宙線はおもに、超新星爆発と呼ばれる大質量の恒星が死を迎える際の大爆発で、高速に加速された電荷を帯びた粒子です。

一方、太陽風ははるか１００天文単位を超える場所まで吹き流れ、広大な太陽圏を形成していることを5章に述べました（図69）。外側に流れ出る太陽風プラズマに磁場も凍結し外側に拡がっていきます。太陽から伸びる磁力線により形づくられた磁気圏といえますので太陽圏は広大な磁場のバリアーになっています。

電荷を帯びた粒子である宇宙線は、磁力線を乗り超えてまっすぐ飛ぶことはできません（2章の図24参照）。このため宇宙線粒子のかなりの部分は、磁場のバリアーのため太陽圏の内部には入り込んできません。しかしながら、高速に加速されたものを中心に一部の宇宙線粒子は太陽圏の内部にも入り込み、地球の大気にも降り込んできます。

地球の大気に降り込んだ宇宙線は、地球の大気を電離させます。電離したイオンは雲の核になり、雲の形成を促進する可能性があると考えられています。宇宙線が多く地球上層大気に飛来すると、地球に雲が発生しやすくなるということです。

太陽活動が高いレベルにあるときには、太陽圏の磁場によるバリアーも強くなり、太陽圏に入ってきて地球大気へと降り込んでくる宇宙線の量が減少します。これは地球大気での雲の形成を抑制する方向に働きますので、天気が良くなります。好天の場合、地表の気温が上がります。

まさに「風が吹けば桶屋が儲かる」的な話ですが、太陽活動が高いときには地表気温は高いということになります。地球の天気や気候が、広大な太陽圏と、そのさらに外側からやってくる宇宙線により、コントロールされているかもしれないという壮大な話です。

実際に、太陽活動の指標である太陽の黒点数と、地球の雲の量を測定し、両者の相関を発見したという主張もなされています。対して、この結果に懐疑的な研究者も少なからずおり、混沌とした状況ではあります。しかしながらここで紹介した一連の機構は、地球温暖化とも密接に絡みますので、今後追求していくべき面白くかつ重要な問題であることは間違いありません。

おわりに

ここまで、太陽物理、特に太陽風の最新の研究の動向を、私たちの研究成果を混じえながら紹介してきました。天文学の研究者の日常の一端として、数値シミュレーションのバグ取りの苦労についても紹介しました。天文学者というと夢のある仕事に聞こえるかもしれませんが、大半はこのような泥臭くしんどい作業を日夜積み重ねて、何とか結果を出してきているというのが本当のところです。

2章では電磁気学を中心にできるだけかみくだいて、磁場と磁場が関わる力について説明してきました。その上で、最先端の観測や数値シミュレーションの研究成果を紹介しました。最先端の研究成果の紹介では、「まだよく分かっていない」という表現が何度も出てきたことからも分かるとおり、未解明の問題が多く残っています。また、特に私たちの研究成果では、現在主流でない説も紹介してきました。

このような最新の研究成果は、今後の研究の進展によっては、大きく結果が覆される可能性もおおいにあります。また、現在主流とされている説でも実は間違っていて、「異端」とされているものや、あるいはこれまで誰も考えついていなかった説が実は正しいということもあり得ます。このように日進月歩で変わりゆく研究動向を追っかけていくのは大変ですが、楽しいことでもあります。自分が誰も知らなかったことを発見したときや、その結果が研究の流れを作り出したときは、大変嬉しいものです。研究者の醍醐味ともいえます。

最後になりますが、本書執筆のきっかけを与えていただいた福井康雄名古屋大学特任教授、ならびに、日本評論社の佐藤大器さんには大変お世話になりました。この場を借りてお礼を申し上げます。

2020年1月　鈴木　建

参考文献

「シリーズ現代の天文学 第10巻」『太陽（第2版）』桜井隆・小島正宜・小杉健郎・柴田一成（編)、日本評論社、2018
　太陽物理学の最先端をより深く知ることができる良書。

『理科年表』国立天文台（編)、丸善出版
　辞書的に使われることが多いですが、読み物としても面白い。時刻表との共通性を感じます。

な

は

ま

や

ら

わ

索引

鈴木 建（すずき・たける）
1975年大阪府出身。東京大学理学部天文学科卒業。同大学院理学系研究科天文学専攻修了。2003年博士（理学）。その後、名古屋大学大学院理学研究科准教授などを経て、現在、東京大学大学院総合文化研究科教授。専門は、太陽を基軸とした天文学・宇宙物理学・惑星科学。
何事にも虚心坦懐、かつ、シンプルに取り組むことを心掛けている。
おもな著書に、『太陽［第2版］（シリーズ現代の天文学 第10巻）』（分担執筆、日本評論社）、『宇宙物理学ハンドブック』（分担執筆、朝倉書店）、『知のフィールドガイド——生命の根源を見つめる』（共著、白水社）、高校教科書『地学基礎』『地学』（分担執筆、啓林館）がある。

発行日　2020年4月15日　第1版第1刷発行

著　者　鈴木 建
発行所　株式会社 日本評論社
〒170-8474　東京都豊島区南大塚3-12-4
電話　03-3987-8621（販売）　03-3987-8599（編集）
印　刷　精文堂印刷
製　本　井上製本所
装　幀　妹尾浩也

ISBN978-4-535-78863-3